『그리는 수학』은 연필을 올바르게 잡는 것부터 시작합니다.

연필을 엄지손가락과 집게손가락 사이에 끼우고 가운뎃손가락으로 연필을 받칩니다. 연필을 바르게 잡으면 손가락의 움직임으로만 연필을 사용할 수 있고 손날 부분이 종이에 닿아 손 전체를 지지해 줍니다.

연필을 바르게 잡는 방법

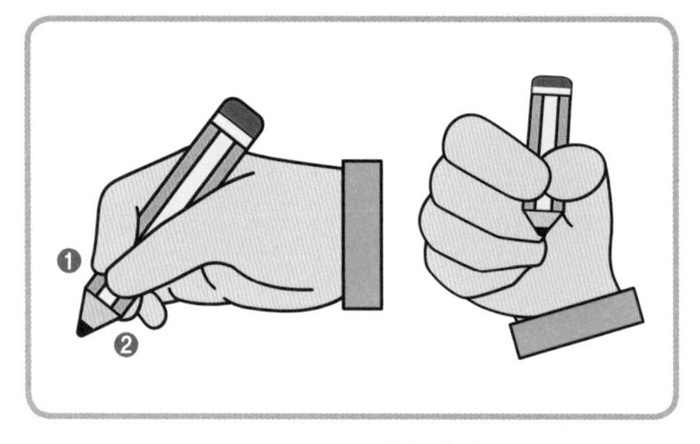

오른손으로 연필 잡기

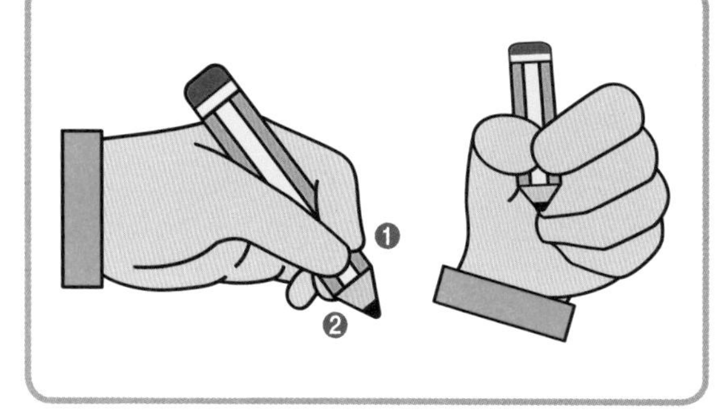

왼손으로 연필 잡기

❶ 엄지손가락과 집게손가락을 둥글게 하여 연필을 잡습니다.

❷ 가운뎃손가락으로 연필을 받칩니다.

선을 긋거나 글씨를 쓰는 속도와 가독성, 지속성을 향상시키려면 처음부터 연필을 바르게 잡는 것이 매우 중요합니다. 유아는 소근육의 발달 미흡, 경험 부족, 교정 부족 등 다양한 이유로 연필을 잘못 잡기도 합니다. 만 4세부터 만 6세 사이에 연필을 잘못 잡는 습관을 들이면 이후에 고치기가 어려우므로 연필 잡는 방법을 가능한 빨리 수정하는 노력이 필요합니다.

연필을 잘못 잡으면 손, 손목, 팔 근육이 피로할 뿐만 아니라 글을 쓰는 동안 시야가 가려져 학습 장애로 이어질 수 있습니다. 따라서 손 근육이 적절하게 발달된 유아는 처음부터 연필을 바르게 잡는 습관을 가져야 합니다.

연필을 처음 사용하는 유아는 펜슬 그립(Pencil Grip)을 사용하는 것이 도움이 되기도 합니다. 펜슬 그립을 사용하면 선을 긋는 미세한 조작과 제어 능력을 향상시키는 데 유용할 수 있습니다.

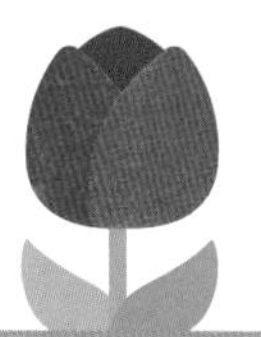

추천사

아이들을 가르치다 보면 유난히 수학을 재미없어하는 친구들이 있습니다. 그런 아이들을 볼 때마다 앞으로 수학을 12년 넘게 배워야 하는데, 어떻게 하면 수학의 재미를 알려 줄 수 있을까 하고 항상 고민하게 됩니다. 『그리는 수학』은 아이들이 수와 모양을 스스로 관찰하여 선을 긋고 색을 칠하며 문제를 해결하는 경험을 통해 자연스럽게 수학의 개념과 원리를 익힐 수 있도록 구성한 체계적이고 과학적인 유아 수학 교재입니다.

'만 3세' 교재는 아이가 수학을 배우고 있음을 인지하지 못할 정도로 선을 긋고 색을 칠하면서 수학을 접하게 합니다. 그러면서 수학의 개념과 원리를 자연스럽게 배워 수학은 어려운 것이라기보다 즐거운 것이라고 느끼도록 구성되었습니다. 이 교재만 있다면 많은 아이가 수학에 재미를 느끼고, 수학에 대한 자신감을 키울 수 있을 것 같습니다. 적극 추천합니다!

김수진 (청당초등학교 교사, 두 아이 엄마)

베타 테스트

『그리는 수학』 베타 테스트를 한다는 소식을 듣고 참여했습니다. 만 3세 가 된 우리 아이가 쉽게 시작할 수 있는 유아 수학이 없을까 찾다가 이 책을 알게 됐는데, 연필 잡는 방법부터 선 긋기 방법, 모양 그리기, 같은 모양 찾기, 색칠하기 등 만 3세 아이에게 필요한 기초적인 학습부터 있어서 좋았습니다!

『그리는 수학』 문제들은 귀여운 그림과 함께 있는데, 아이가 그림 속 동물과 자동차를 너무 좋아해서 공부한다고 느끼지 않고 놀이라고 생각해서 먼저 하고 싶다고 합니다. 놀이처럼 재미있게 문제를 풀다 보면 자연스럽게 수학을 몸으로 배울 수 있을 것 같다는 생각이 들었습니다. 이렇게 계속 수학을 알아간다면 앞으로도 아이가 수학에 거부감 없이 즐겁게 배울 수 있을 것 같습니다.

최현선 (만 3세 자녀를 둔 부모)

유아 수학에서 '수학적 그리기'는 중요한 활동이자 문제를 해결하는 과정입니다.

유아 수학은 자연스러운 체험과 능동적인 경험을 통해 수학적 원리와 개념을 하나씩 하나씩 정립하는 것이 중요합니다.

처음 수학을 시작하는 유아들에게 수학적 그리기를 효과적으로 활용하면 자연스럽게 모양과 공간을 추론하고, 수(數)와 양(量)을 정확하게 표현하며, 규칙을 찾고 문제를 해결하는 데 도움이 됩니다. 나아가 질문의 이해도를 높이며 문제 해결을 위한 다양한 전략을 활용하는 능력을 향상시킵니다.

『그리는 수학』에서는 수학적 그리기를 체계적으로 활용하여

1) 도형의 개념을 자연스럽게 이해하고
2) 수(數)와 양(量)의 개념을 정확하게 그림으로 표현하고
3) 다양한 규칙을 찾고 응용하며
4) 문제 해결 방향에 알맞게 과정을 잘 그리는 것까지 효과적으로 학습합니다.

수학적 그리기 효과!

모양과 공간 추론하기 | 수(數), 양(量) 표현하기 | 규칙 찾기, 문제 해결 | 질문 이해, 전략 활용

스스로 몸으로 익히고 배우는 유아 수학 책 『그리는 수학』

초등 수학과 유아 수학의 학습 방법은 달라야 합니다.

일반적으로 초등 수학은 수학적 개념을 배우고 개념과 관련된 기초 문제를 풀고 응용 문제를 해결하는 순서로 학습합니다. 하지만 수학을 처음 시작하는 유아에게는 개념을 배우는 과정에 앞서 자연스러운 관찰과 반복되는 활동을 통해 개념을 인지하는 기초 과정이 필요합니다.

자전거를 타는 방법을 배웠다고 해서 실제로도 잘 탄다고 할 수는 없습니다. 직접 자전거를 타는 경험을 통해 몸으로 그 감각을 익히듯이 『그리는 수학』은 유아 스스로 관찰하고 선을 긋고 색을 칠하고 문제를 해결하는 경험을 통해 개념과 원리를 자연스럽게 익히고 배우게 하는 체계적이고 과학적인 유아 수학 책입니다.

유아 수학은 학습 방법이 다르다!

정확한 개념과 원리, 꽉 찬 커리큘럼의 제대로 된 유아 수학 책 『그리는 수학』

수학을 처음 시작하는 유아에게 가장 중요한 것은 정확한 수학 개념을 바르게 알려 주는 것입니다.

유아에게 수학에 대한 즐거운 경험과 재미를 주는 것은 중요합니다. 하지만 그보다 더욱 중요한 것은 정확한 개념을 바르게 학습할 수 있도록 안내해 주는 것입니다. 『그리는 수학』은 최신 개정된 수학 교과과정을 치밀하게 분석하고 정확하게 해석하여 재미있는 경험은 물론 정확한 개념과 원리를 학습할 수 있도록 개발되었습니다.

대부분의 유아 수학은 '수와 연산' 영역으로 편중되어 있는 것이 현실입니다. 한 영역으로 편중된 학습은 무의미한 반복을 만들기도 하고, 수학 내 타 영역과의 학습 격차를 형성하기도 합니다. 『그리는 수학』에서는 1) 도형으로 시작하여 2) 수를 배우고 3) 규칙과 공간으로 추론 능력을 기르고 4) 연산을 통해 수의 활용을 배웁니다. 부족함 없이 꽉 찬 체계적인 커리큘럼이 수학을 시작하는 유아의 커다란 자양분이 될 것입니다.

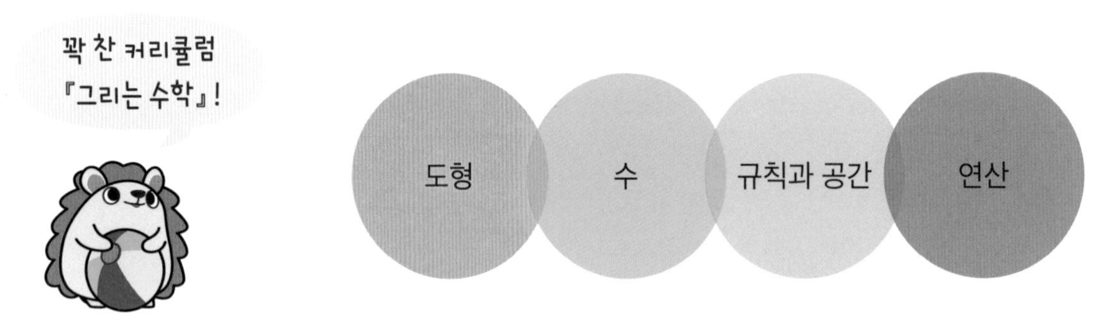

연필 잡는 훈련부터 '완북' 할 수 있는 유아 수학 책 『그리는 수학』

연필을 바르게 잡고 선을 그어 보는 활동으로 시작해서 '완북'으로 마무리합니다.

어려운 수학 문제를 풀기보다는 스스로 관찰하고 직접 그려 보고 색을 칠하는 활동을 통해 정확한 개념을 인지하는 것에 중점을 두었습니다.

유아 수학은 유아에게 수학에 대한 좋은 기억을 심어 주고 스스로 문제를 해결하는 과정에서 성취감과 자신감을 갖게 해 주어야 합니다.

『그리는 수학』은 한 문제 한 문제, 한 권 한 권을 끝냈을 때 쌓이는 성취감이 수학에 대한 자신감으로 이어질 수 있도록 개발되었습니다.

연필을 바르게 잡고,
완북으로 마무리!

그리는 수학과 선 긋기

삐뚤빼뚤 선을 그어도 괜찮습니다. 점선을 따라 정확하게 긋지 않아도 괜찮습니다. 경험과 연습이 쌓이면 자연스럽게 미세 근육이 발달하고 도형을 그리거나 숫자를 쓰는 정확성이 향상됩니다.

곧은 선, 굽은 선 긋기부터 시작하여 기본 도형 그리기, 숫자 쓰기로 이어지기까지 모양과 숫자를 인지하는 가장 좋은 방법은 관찰하고 직접 그려 보는 것입니다. 유아 수학에서는 점선을 따라 그리기에서 관찰하여 똑같이 그리기, 인지하고 있는 모양을 기억하여 그리기 등 다양한 그리기 활동을 합니다.

『그리는 수학』의 전체 구성과 단계 선택 도움말

단계 선택 도움말

- 추천 연령보다 한 단계 아래에서 시작하여 현재 단계를 넘어서는 것을 목표로 합니다.
- '도형 - 수 - 규칙과 공간 - 연산' 순서대로 차근차근 학습합니다.
- 아이가 권장 학습량을 잘 따라와 준다면 다음 단계로 넘어가도 좋습니다.
- 커리큘럼이 갖춰진 수학 학습을 처음 시작하는 아이라면 'A단계 도형'부터 시작합니다.

『그리는 수학』 A단계 구성

도형

수

규칙과 공간

연산

1단원: 선 긋기
2단원: 모양 찾기
3단원: 똑같이 그리기

1단원: 하나씩 짝 짓기
2단원: 5까지의 수
3단원: 개수 세기

1단원: 속성
2단원: 반복되는 규칙
3단원: 화살표

1단원: 양 비교하기
2단원: 모아서 세기
3단원: 나누어 세기

『그리는 수학』 A단계 연산

구성과 차례

『그리는 수학』은 3개의 단원으로 구성되어 있고 단원별로 4개의 STEP이 있습니다.
STEP 1부터 STEP 4까지 각 단원에서 배우는 개념과 내용을 다양한 방법을 활용하여 그리고 색칠하면서 학습하고 배운 내용을 확인합니다.

세 단원을 잘 마무리하면 다양한 그림을 그리면서 아이의 상상력과 집중력, 창의력을 길러 주는 DRAW MATH를 만나게 됩니다.

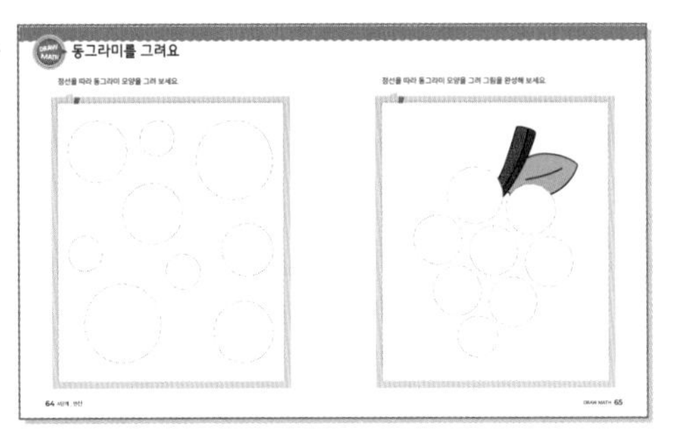

『그리는 수학』 이렇게 학습하세요. 효과 200% UP

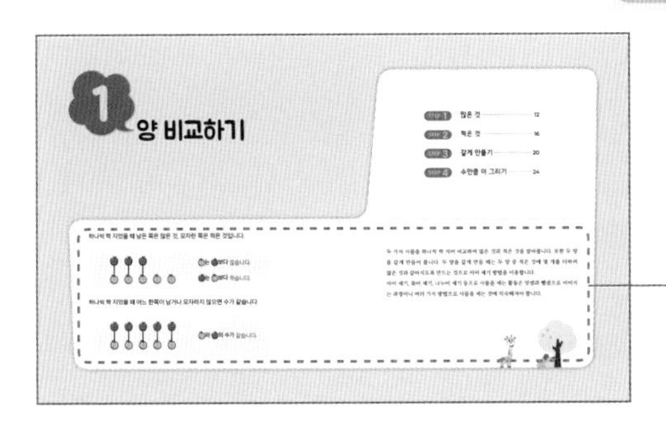

단원의 학습 목표와 배울 내용을 안내합니다.
아이에게 정확한 개념과 원리를 안내해 줄 수 있도록
선생님이나 부모님께서 차근차근 읽어 주세요.

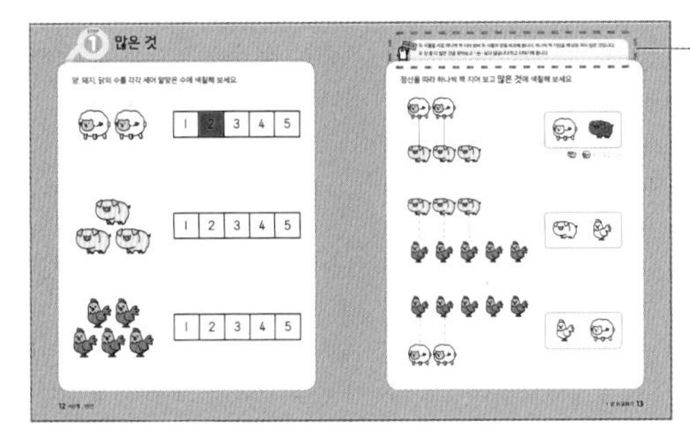

한 STEP의 학습 내용과 방법을 안내하고,
주의할 점을 확인합니다.

『그리는 수학』의 1일 학습 권장량은 4쪽, 즉 하나의 STEP입니다.
일주일에 2번, 2개의 STEP을 학습하여 2주 동안 한 단원을 학습하는 것을 목표로 해 주세요.

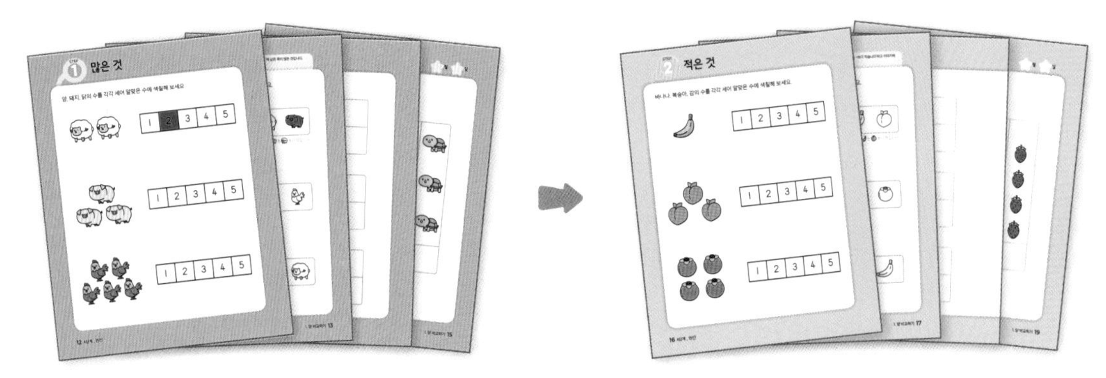

일주일 학습량: 2개의 STEP (8쪽)

한 권은 6주, 한 단계(4권)는 6개월 동안 학습할 수 있습니다.
아이가 잘 따라와 준다면 다음 단계로 넘어가도 좋습니다.

1 양 비교하기

하나씩 짝 지었을 때 남은 쪽은 많은 것, 모자란 쪽은 적은 것입니다.

하나씩 짝 지었을 때 어느 한쪽이 남거나 모자라지 않으면 수가 같습니다.

와 의 수가 같습니다.

두 가지 사물을 하나씩 짝 지어 비교하여 많은 것과 적은 것을 알아봅니다. 또한 두 양을 같게 만들어 봅니다. 두 양을 같게 만들 때는 두 양 중 적은 것에 몇 개를 더하여 많은 것과 같아지도록 만드는 것으로 이어 세기 방법을 이용합니다.
이어 세기, 묶어 세기, 나누어 세기 등으로 사물을 세는 활동은 덧셈과 뺄셈으로 이어지는 과정이니 여러 가지 방법으로 사물을 세는 것에 익숙해져야 합니다.

STEP 1

많은 것

양, 돼지, 닭의 수를 각각 세어 알맞은 수에 색칠해 보세요.

1	2	3	4	5

1	2	3	4	5

1	2	3	4	5

두 사물을 서로 하나씩 짝 지어 보며 두 사물의 양을 비교해 봅니다. 하나씩 짝 지었을 때 남은 쪽이 많은 것입니다.
두 양 중 더 많은 것을 찾아보고 '~는 ~보다 많습니다'라고 이야기해 봅니다.

점선을 따라 하나씩 짝 지어 보고 **많은 것**에 색칠해 보세요.

는 보다 많습니다.

더 많은 동물에 ◯표 하세요.

STEP 2

적은 것

바나나, 복숭아, 감의 수를 각각 세어 알맞은 수에 색칠해 보세요.

1	2	3	4	5

1	2	3	4	5

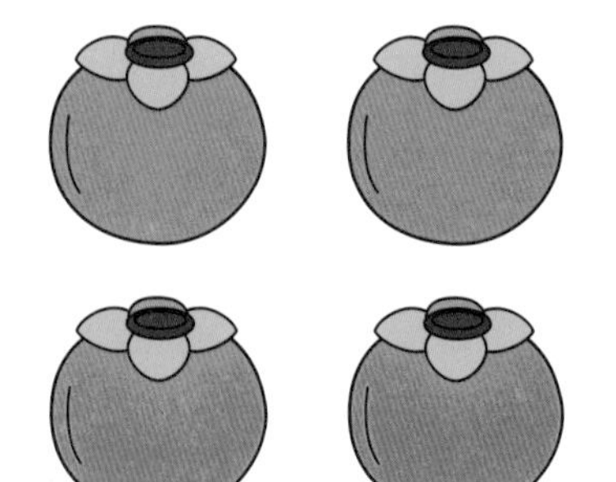

1	2	3	4	5

하나씩 짝 지었을 때 모자란 쪽이 적은 것입니다. 두 양 중 더 적은 것을 찾아보고 '~는 ~보다 적습니다'라고 이야기해 봅니다.

점선을 따라 하나씩 짝 지어 보고 **적은 것**에 색칠해 보세요.

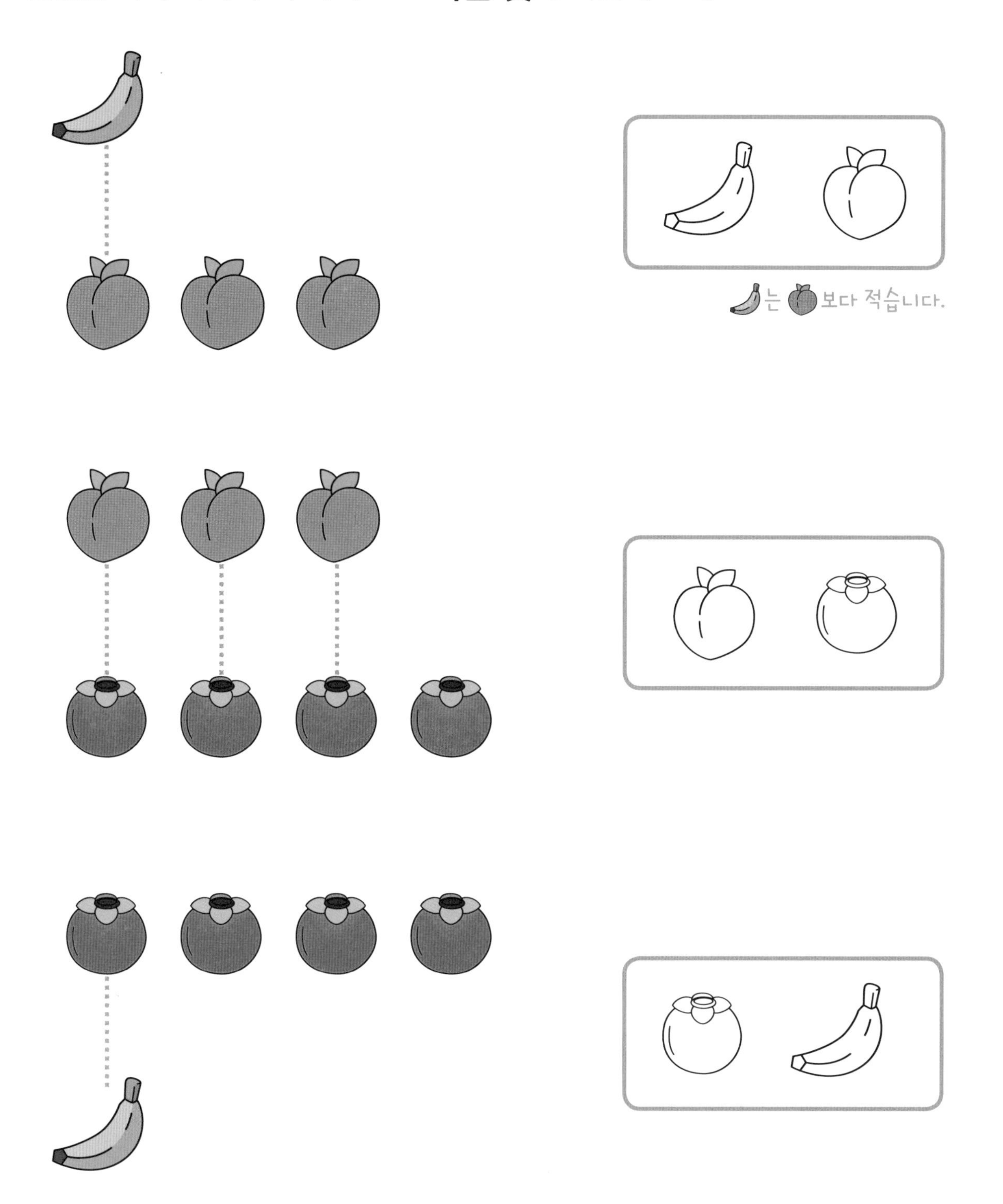

STEP 2

더 적은 것에 ◯표 하세요.

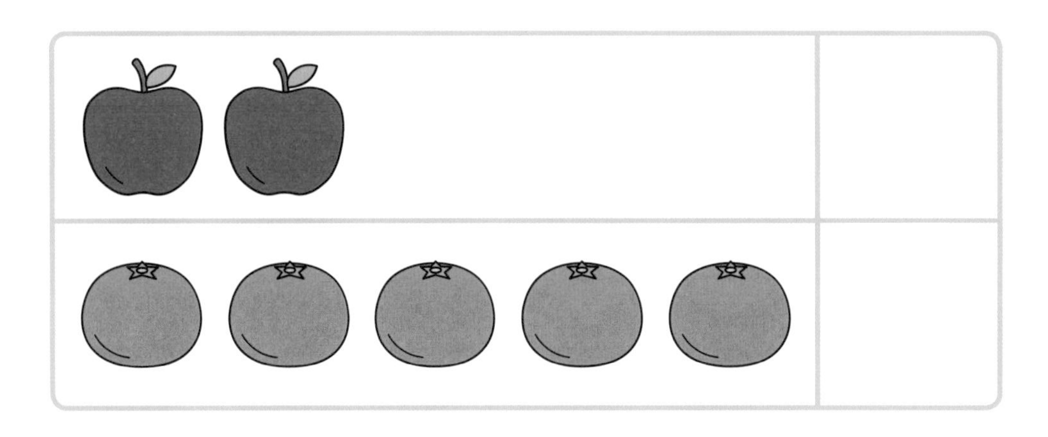

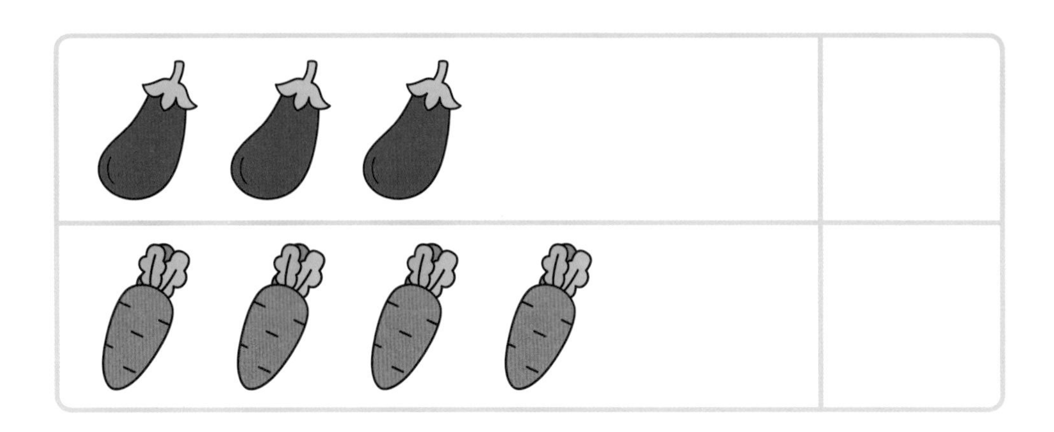

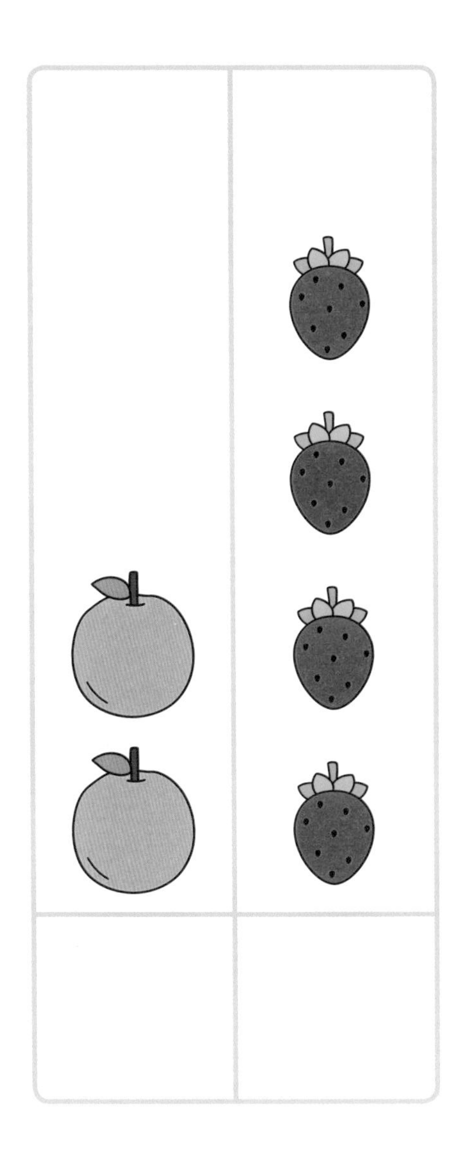

STEP 3

같게 만들기

구슬의 수가 **같아지도록** 적은 쪽에 ◯를 더 그려 보세요.

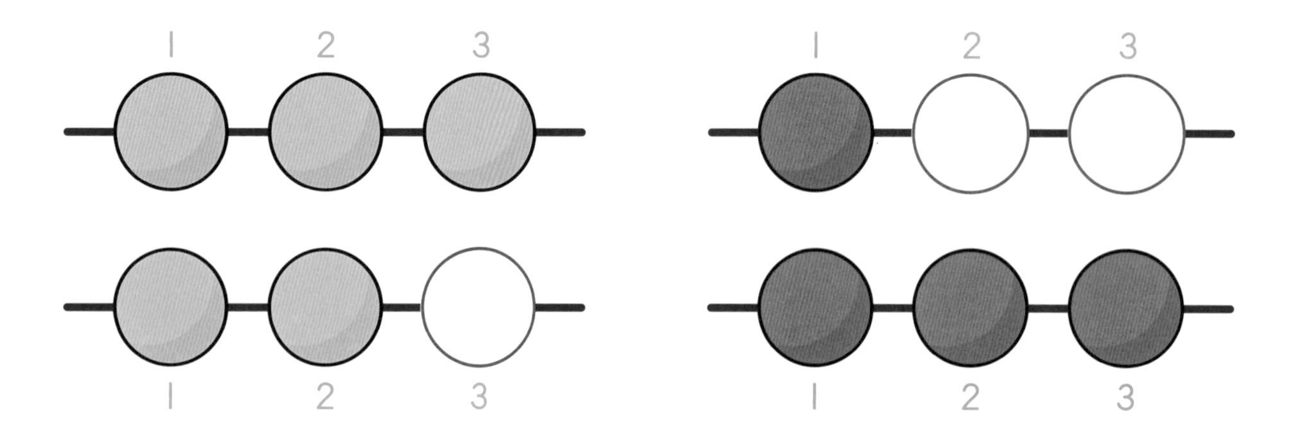

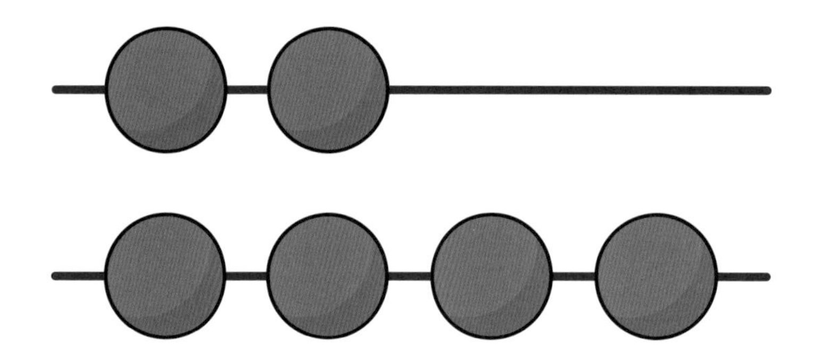

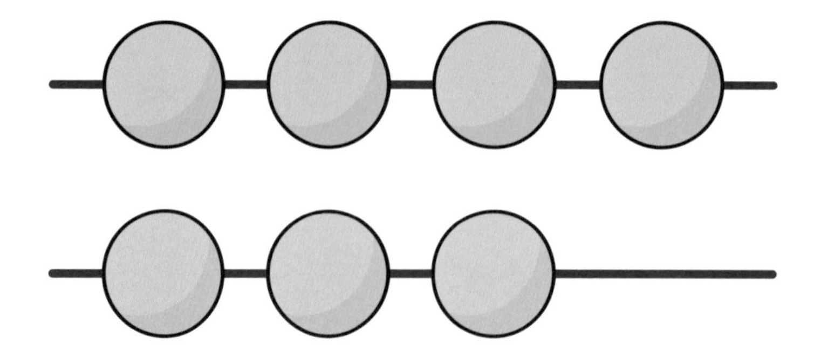

두 사물을 서로 하나씩 짝 지었을 때 어느 한쪽이 남거나 모자라지 않으면 두 양은 같습니다. 구슬의 수가 각각 3, 2일 때, 2에서 3이 될 때까지 이어 세면서 ○를 그리면 위아래 두 구슬의 수가 같아집니다.

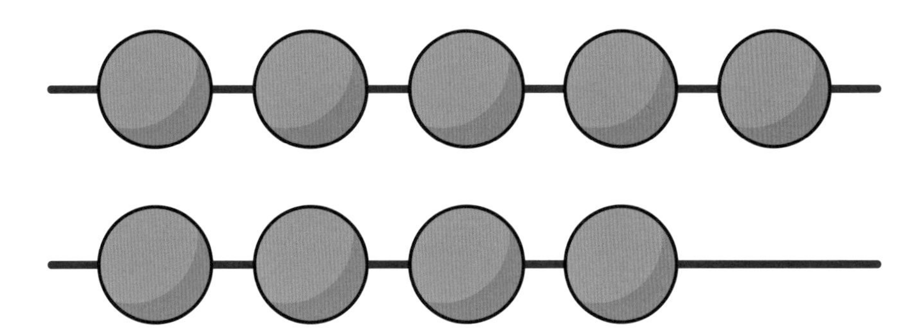

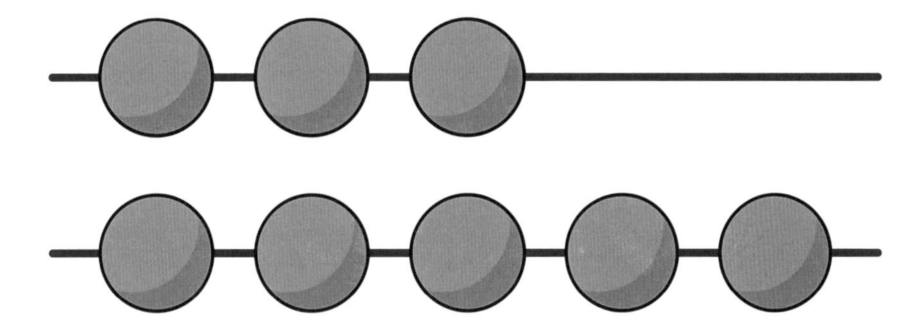

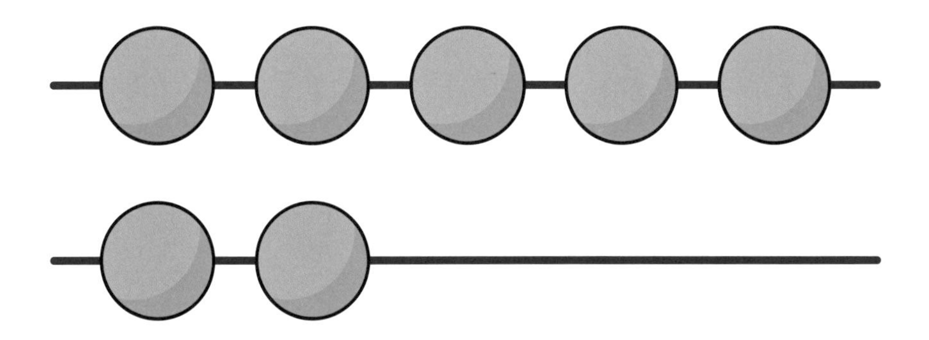

STEP 3

양쪽에 있는 공의 수가 **같아지도록** 적은 쪽에 ◯를 더 그려 보세요.

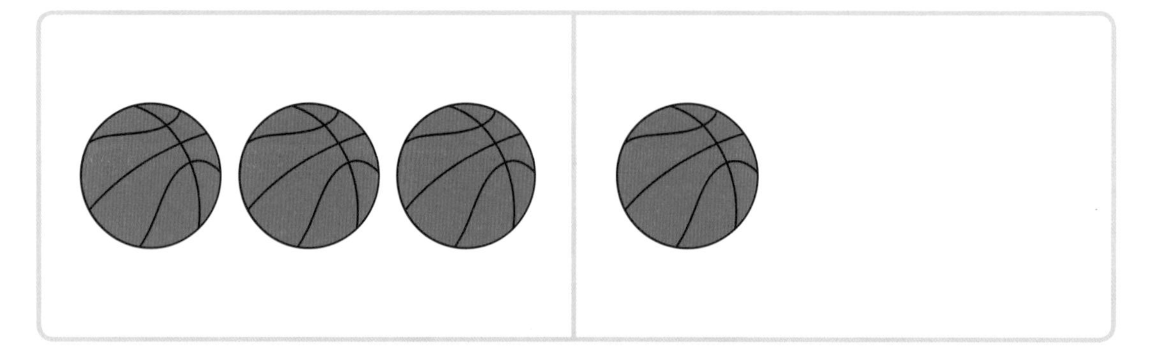

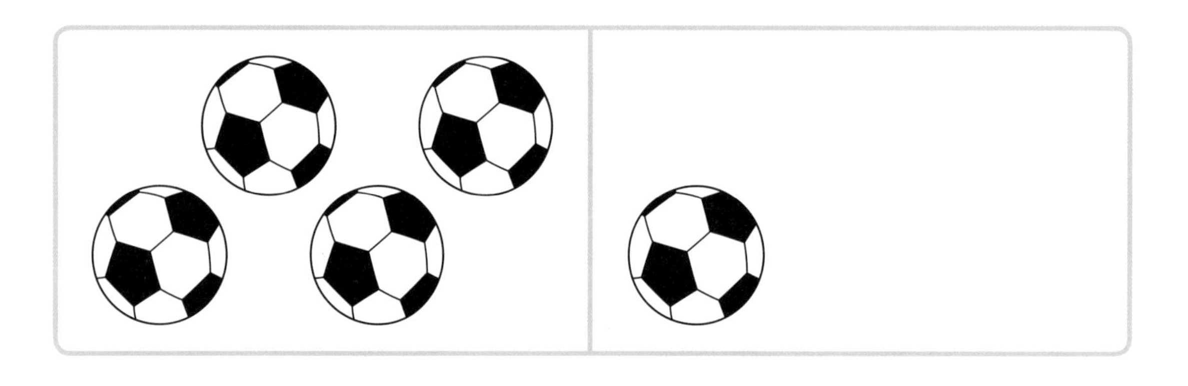

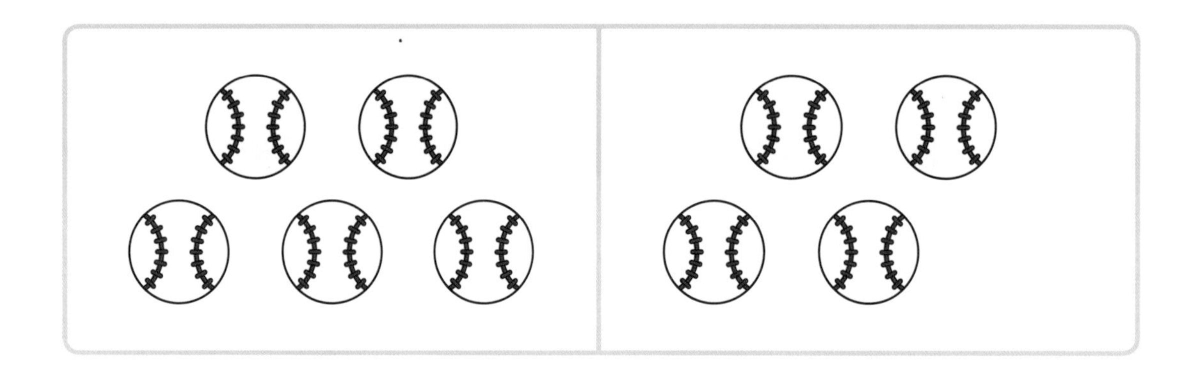

빵과 접시의 수가 **같아지도록** 접시를 더 그려 보세요.

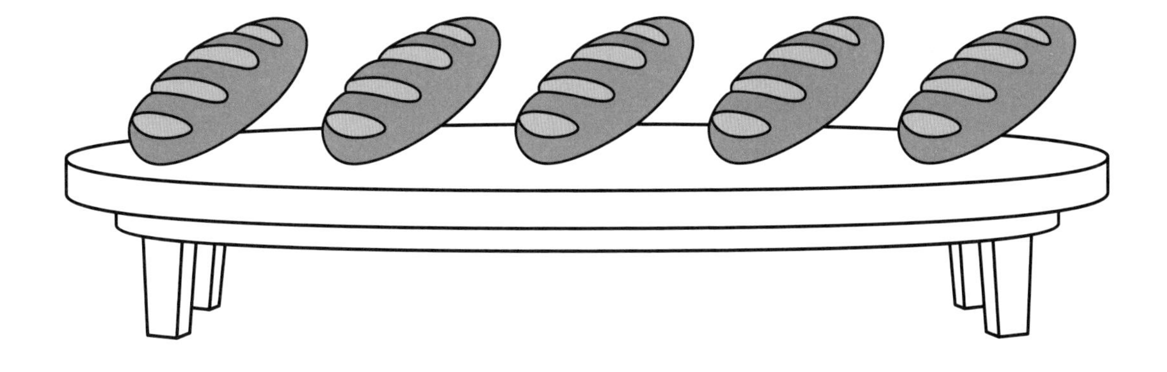

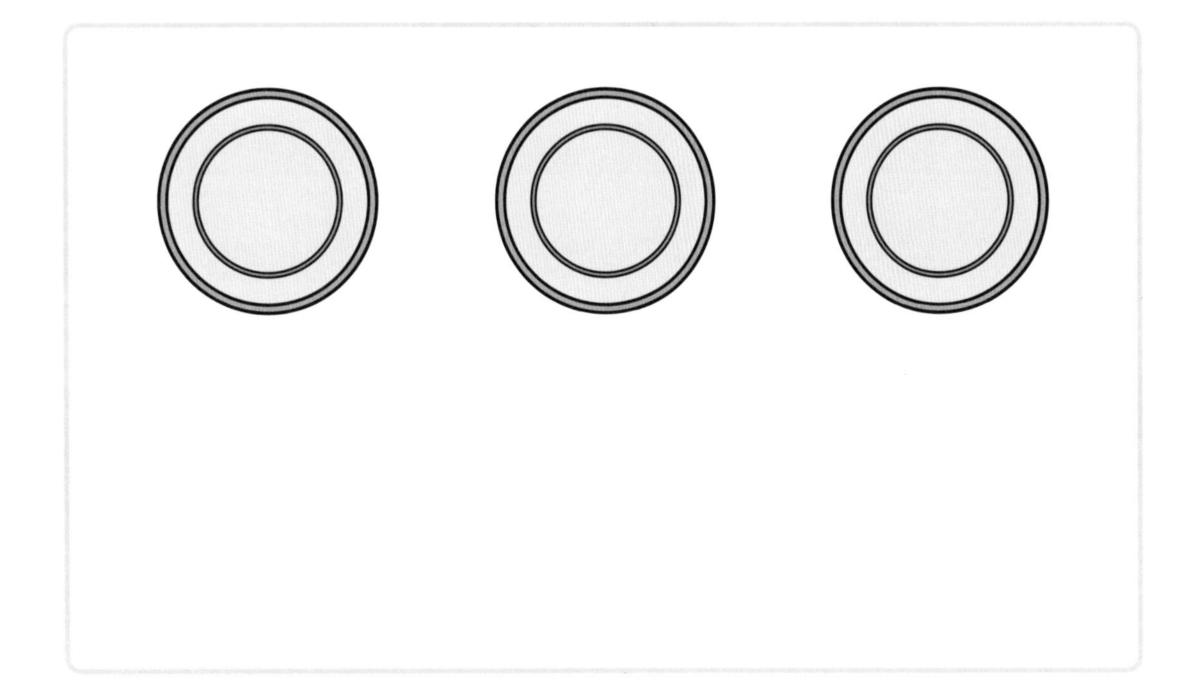

수만큼 더 그리기

수만큼 쿠키가 있도록 ◯를 더 그려 보세요.

1 2 3

3

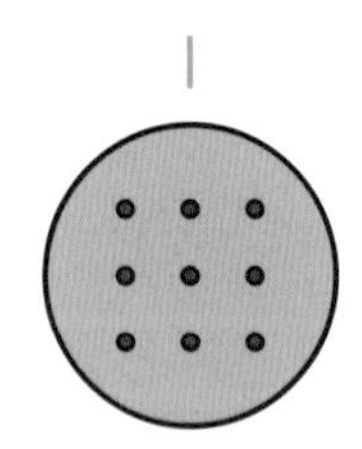
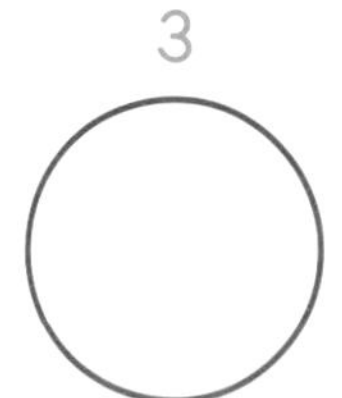

4

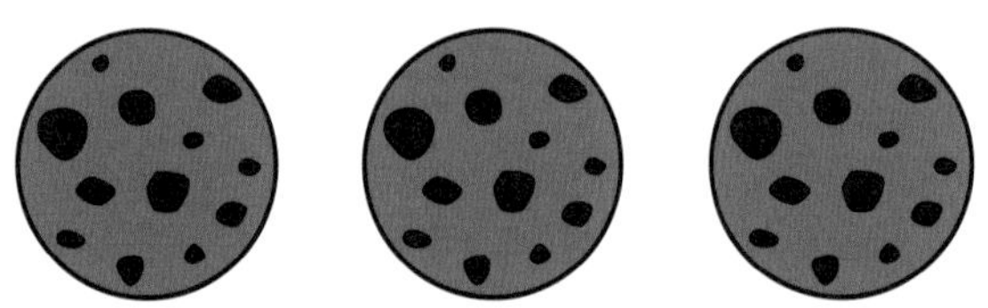
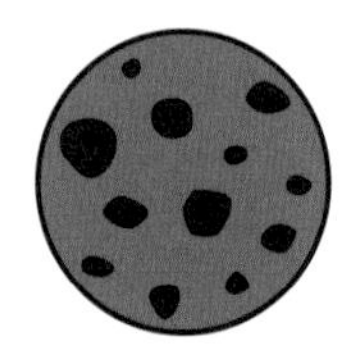
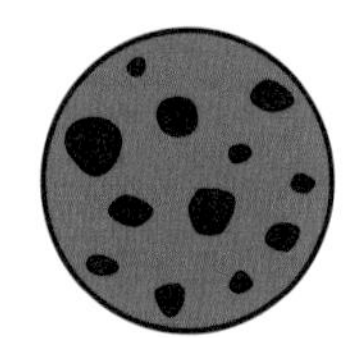

4

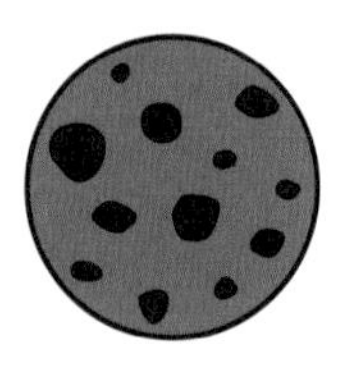
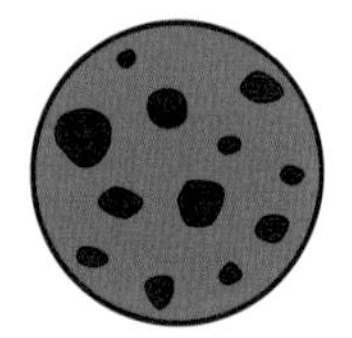

4

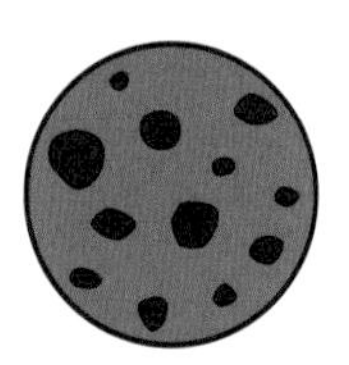

쿠키가 1개 있는 상황에서 3개가 되도록 만들려면 1에서 3이 될 때까지 2, 3을 이어 세면서 ○를 그리고, '쿠키가 1개 있는데 2개 더 그렸더니 3개가 되었습니다'라고 표현해 봅니다.

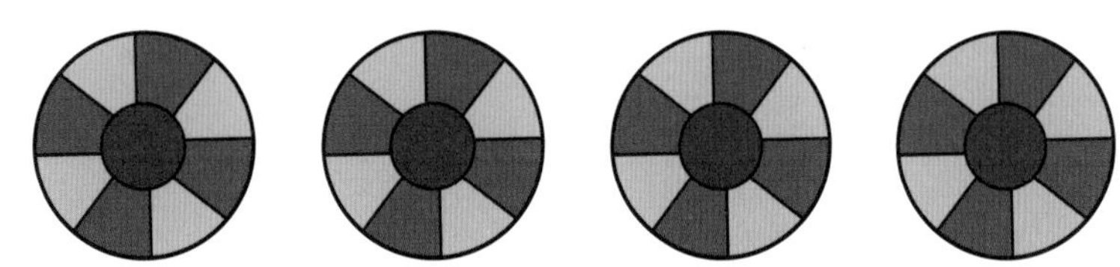
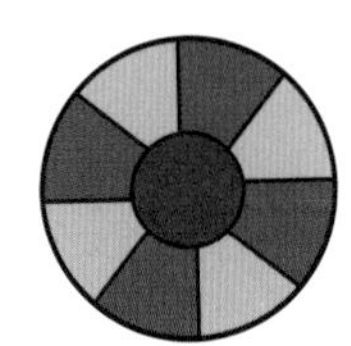
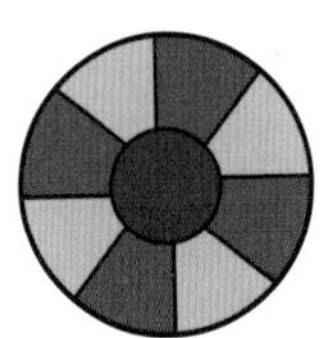
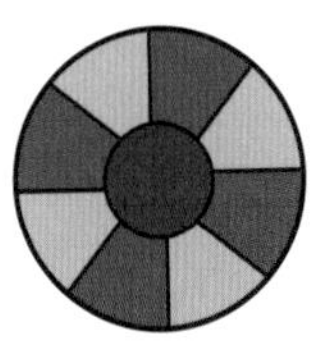

5

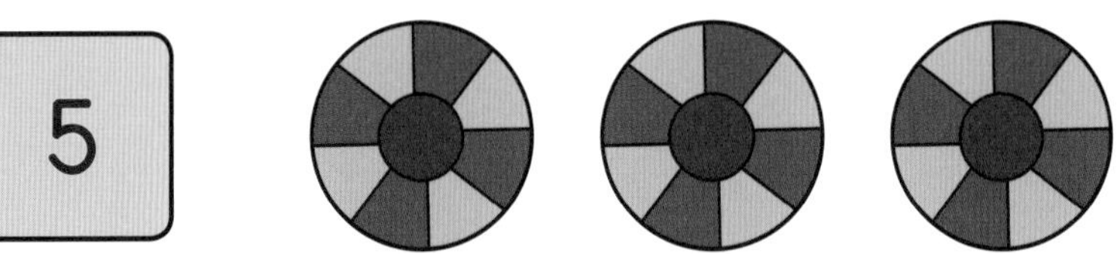
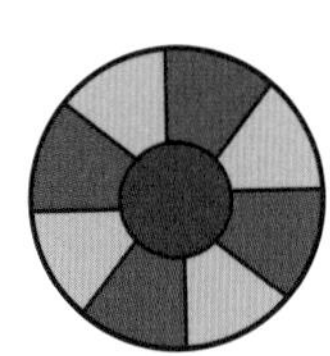
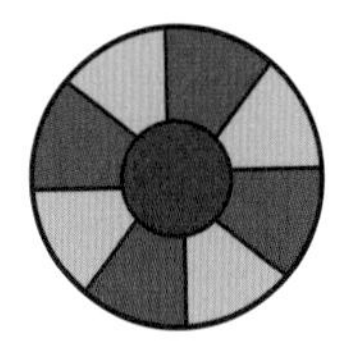

5

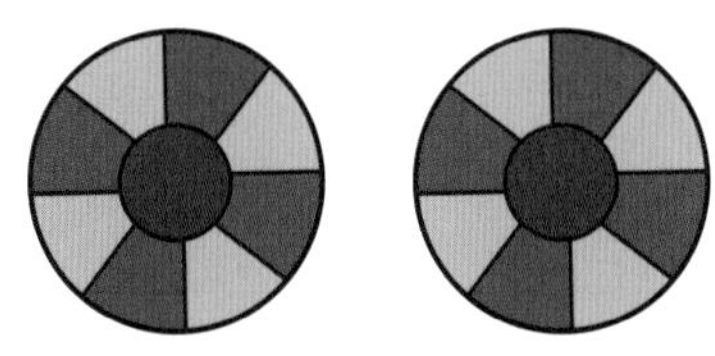
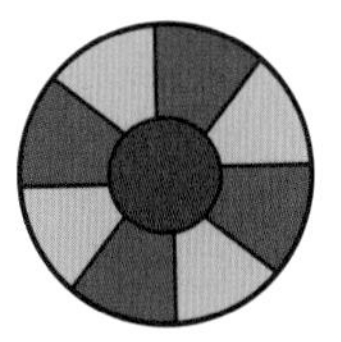

5

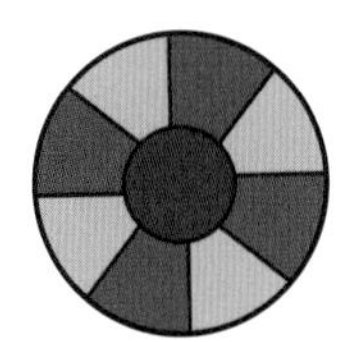

수만큼 달걀이 있도록 이어 보세요.

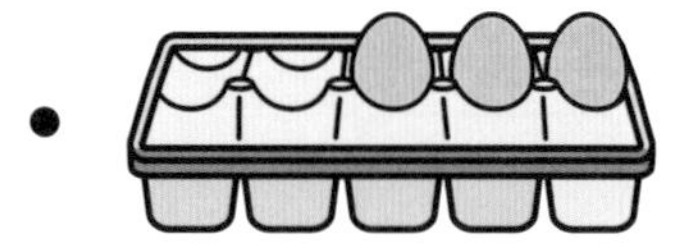

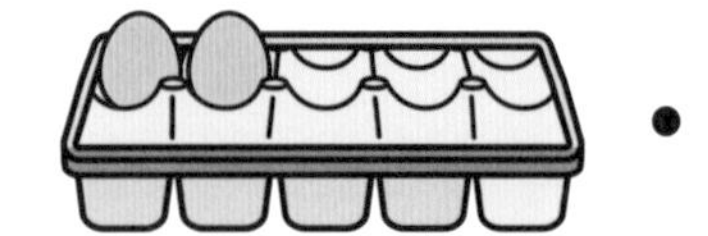

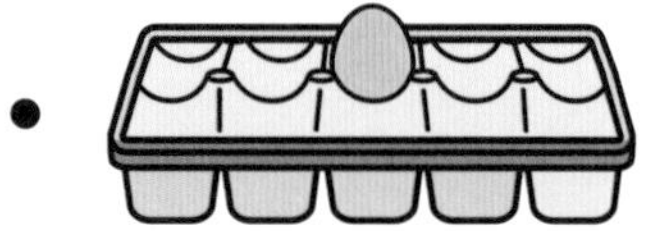

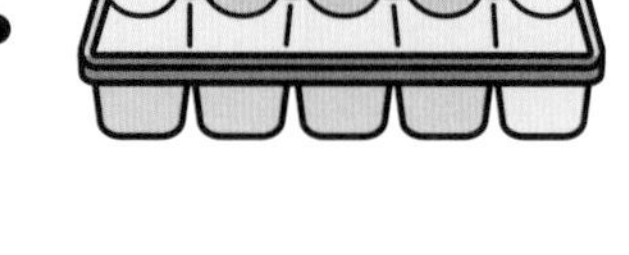

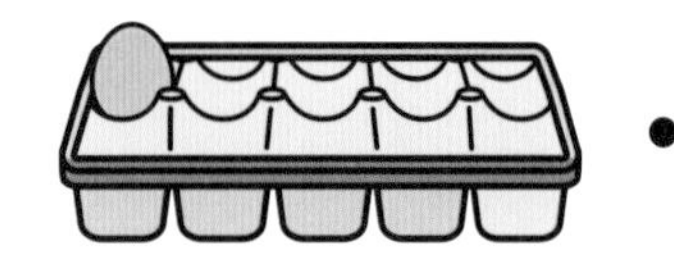

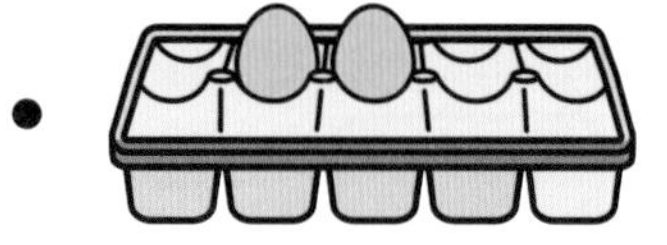

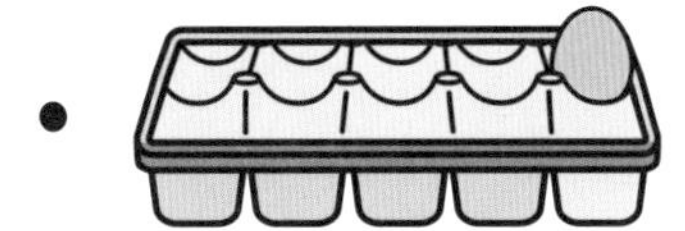

5

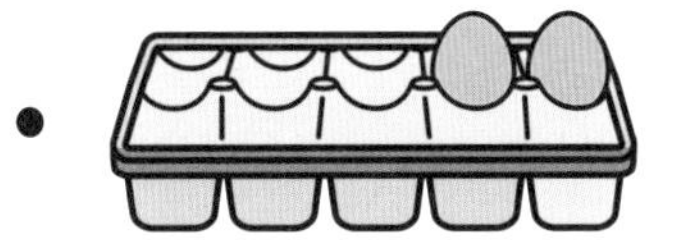

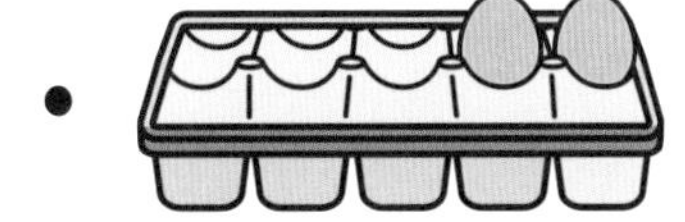

5

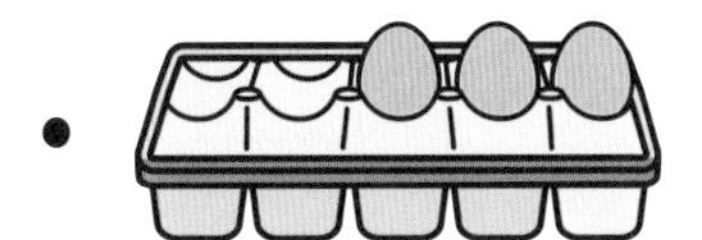

2 모아서 세기

나누어진 것을 모아서 한꺼번에 셀 수 있습니다.

둘로 나누어진 사물을 모으거나 옮겨서 한꺼번에 셀 때 이어 세기 방법으로 세면 편리합니다. 사물을 모아서 세는 것은 덧셈의 기본적인 원리를 이해하는 과정입니다.

●과 ●●으로 나누어진 점을 모아서 셀 때는 (하나), (하나, 둘)과 같이 따로 세지 않고 모아서 (하나, 둘, 셋)으로 셉니다. 이때 점의 수는 모두 셋입니다.

STEP 1

모아서 세기

두 접시에 놓인 사과를 모두 센 만큼 색칠해 보세요.

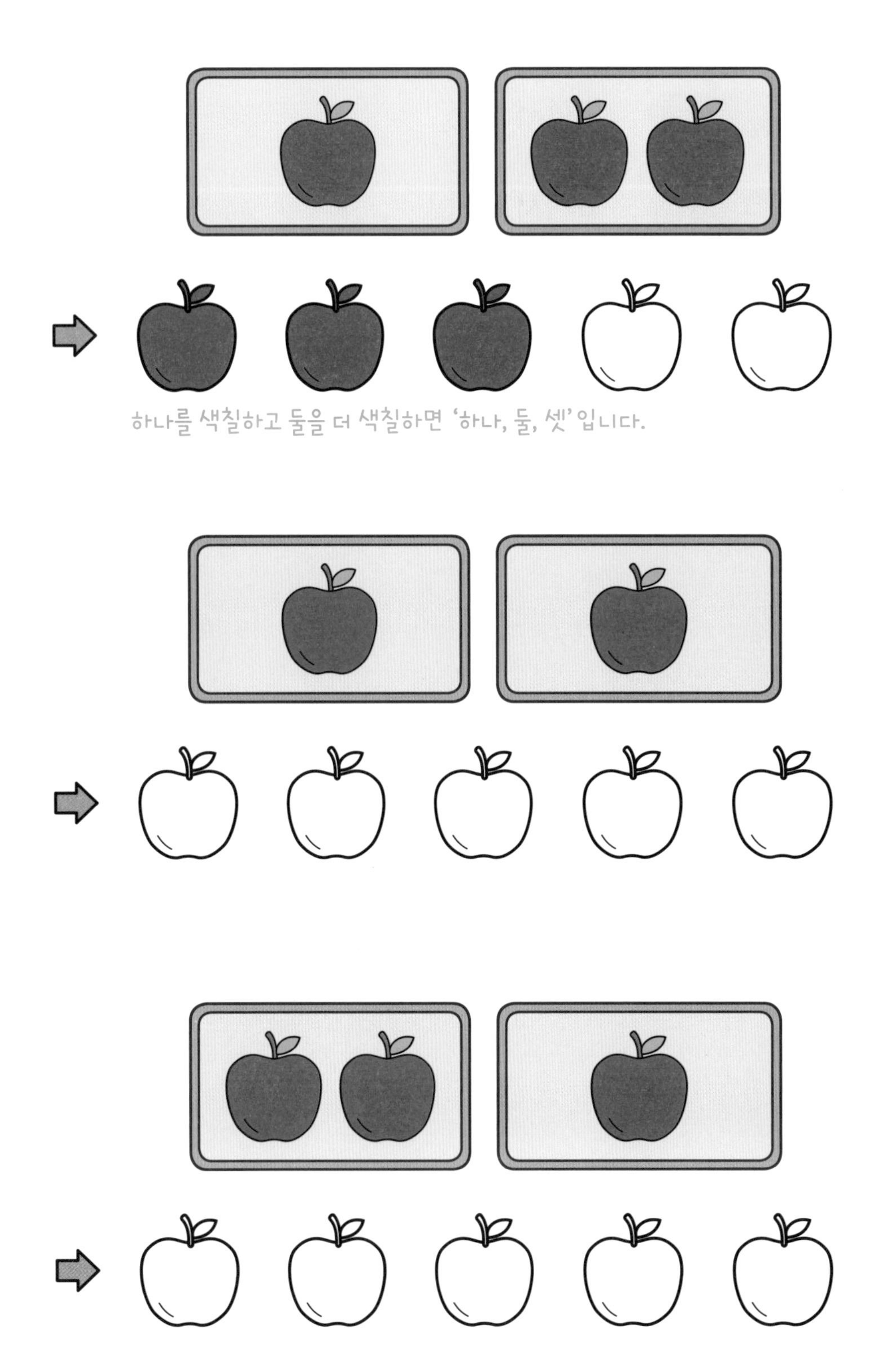

둘로 나누어져 있는 사물을 모아서 한꺼번에 세어 봅니다. (하나), (하나, 둘)로 나누어진 것을 모으면 (하나, 둘, 셋)이 됩니다. 5개 가량의 사물을 둘로 나눈 다음, 모아서 모두 세어 보는 것은 덧셈을 이해하는 데 도움이 됩니다.

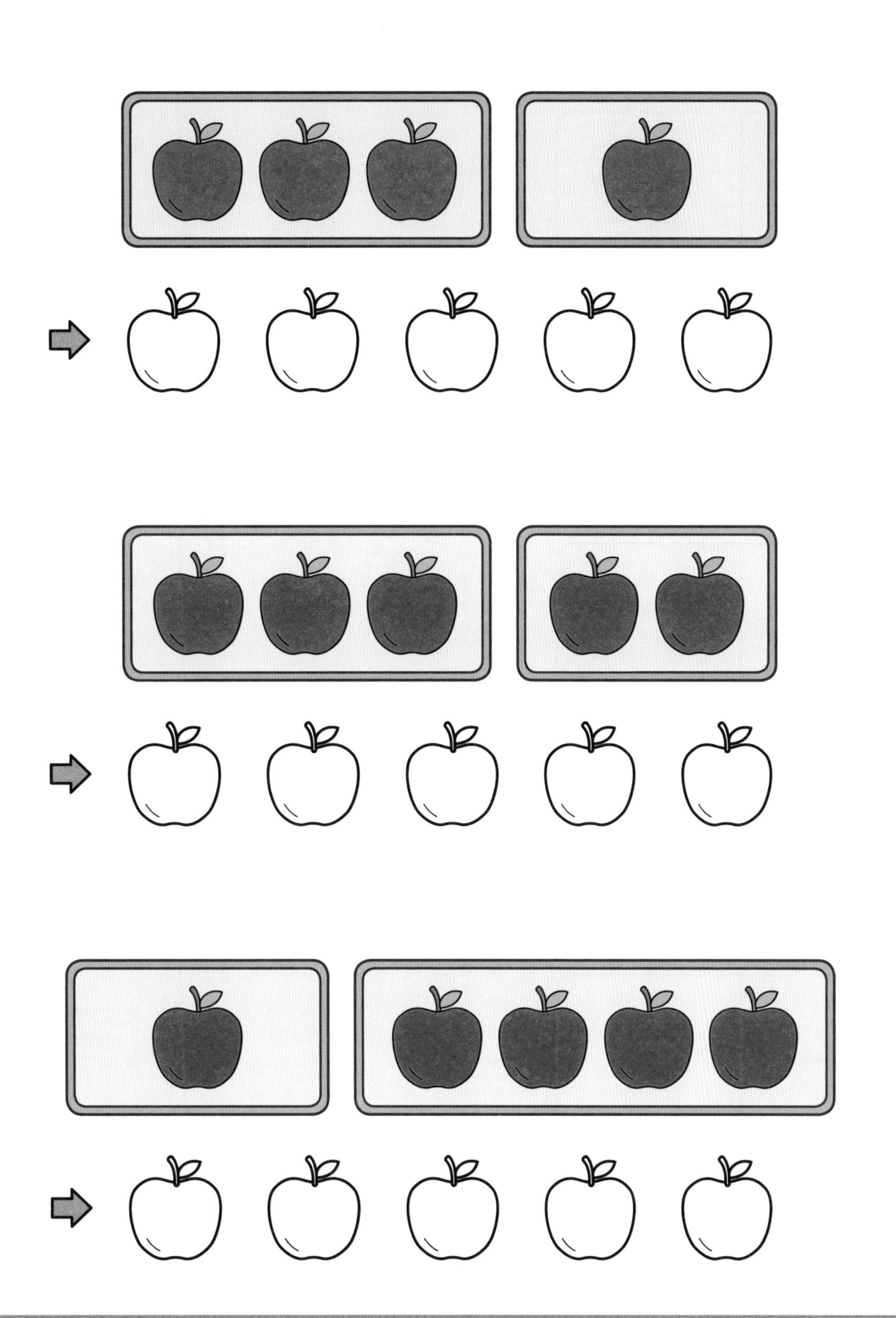

STEP 1

귤을 모아서 봉지에 담은 것을 찾아 이어 보세요.

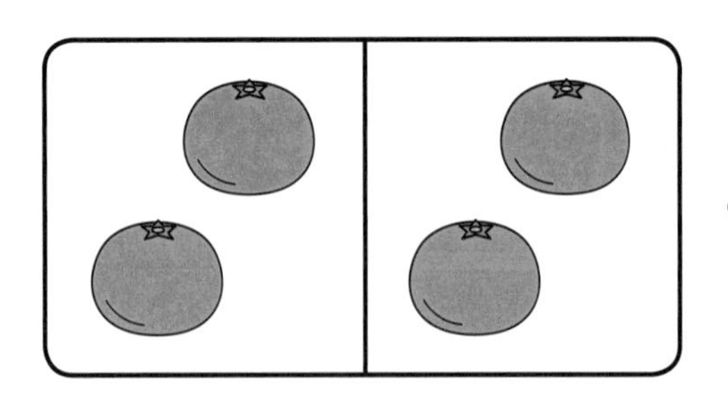

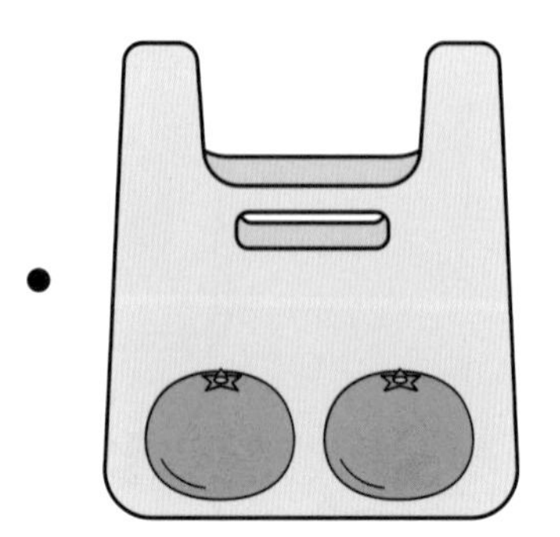

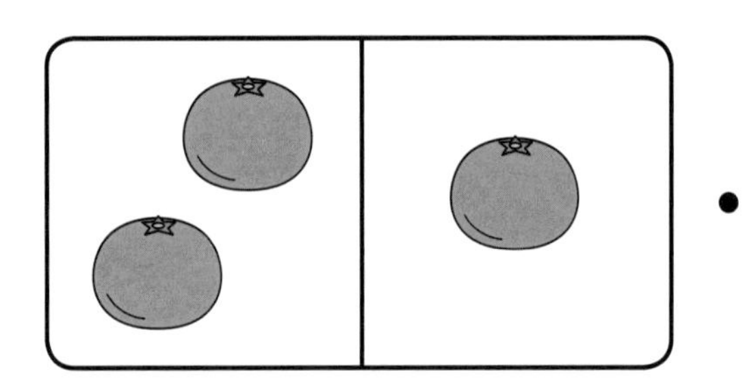

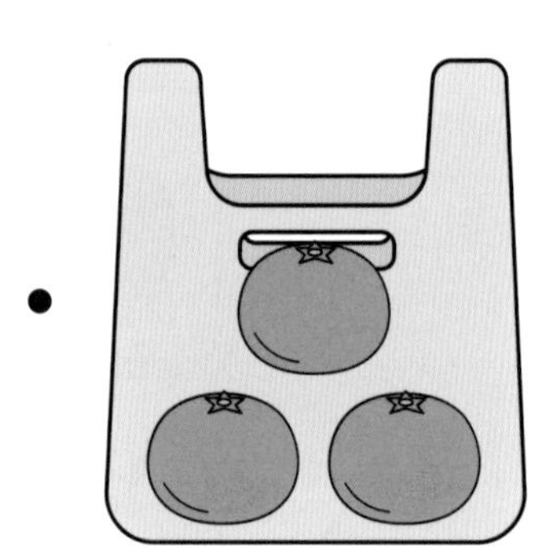

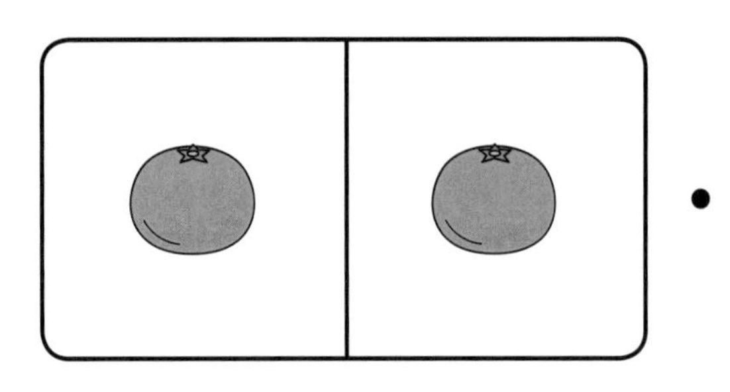

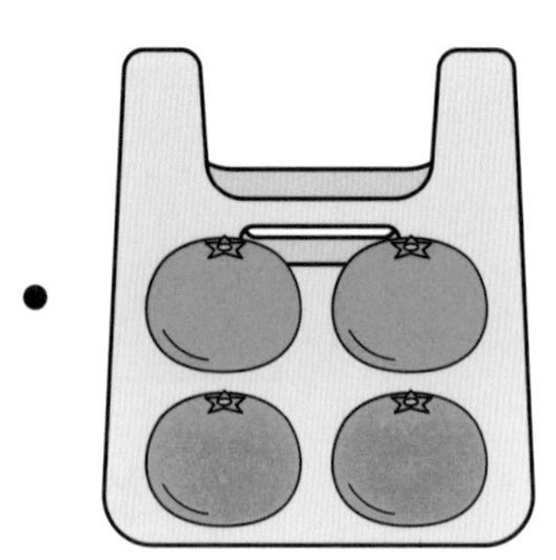

봉지에 담긴 귤의 수를 세어 알맞게 이어 보세요.

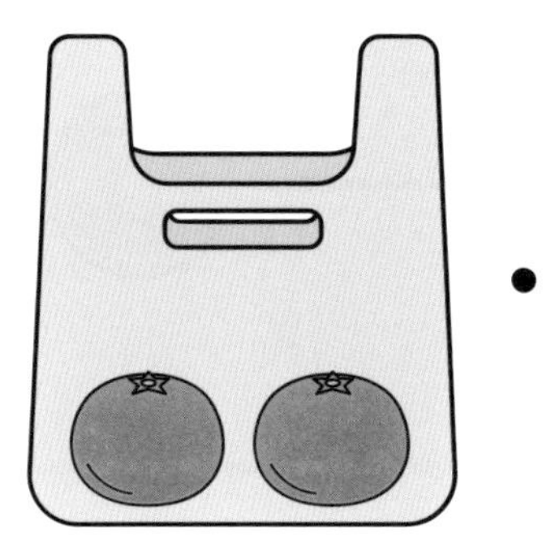

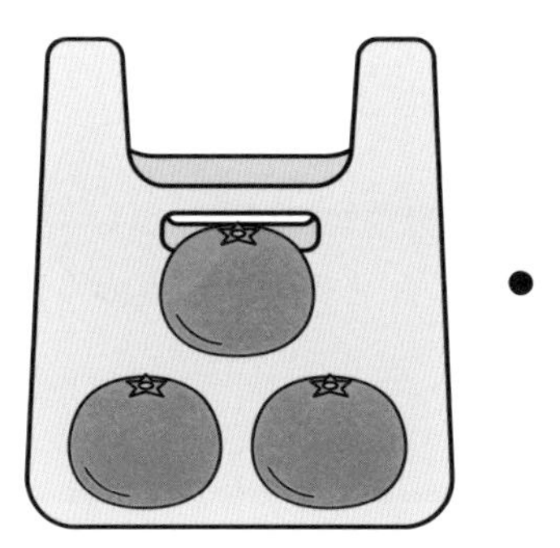

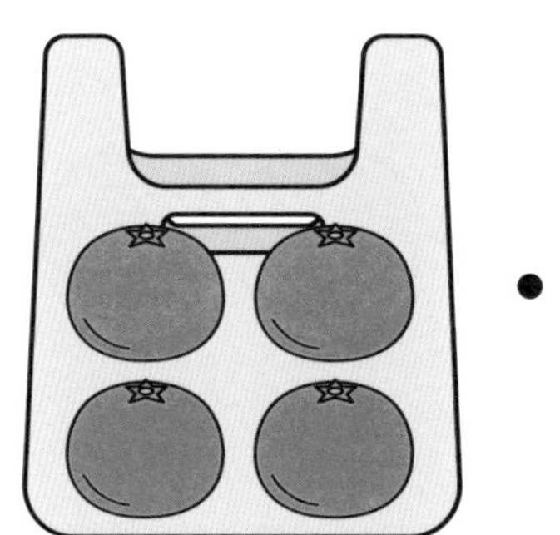

STEP 2

옮겨서 세기

구슬을 한쪽으로 옮깁니다. 구슬을 옮겨서 모두 센 만큼 색칠해 보세요.

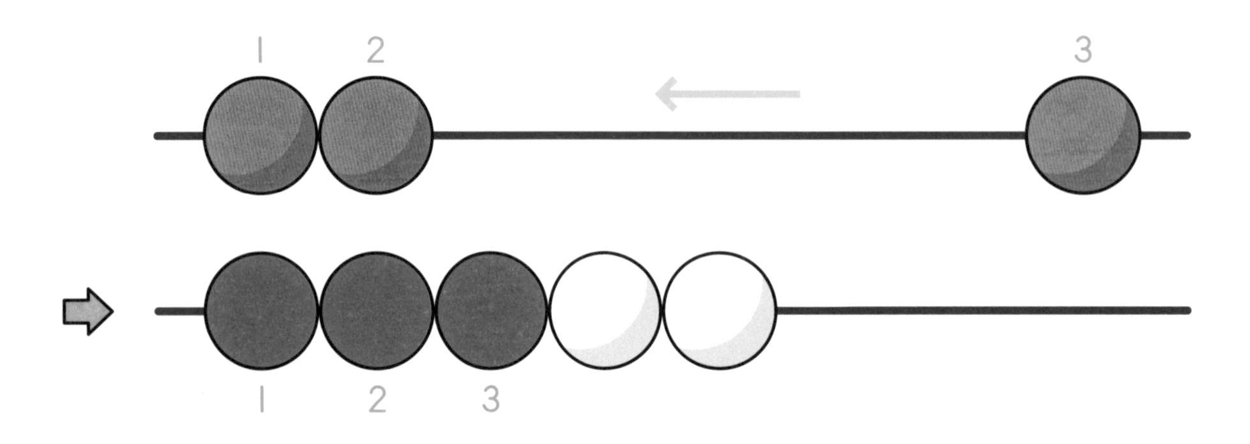

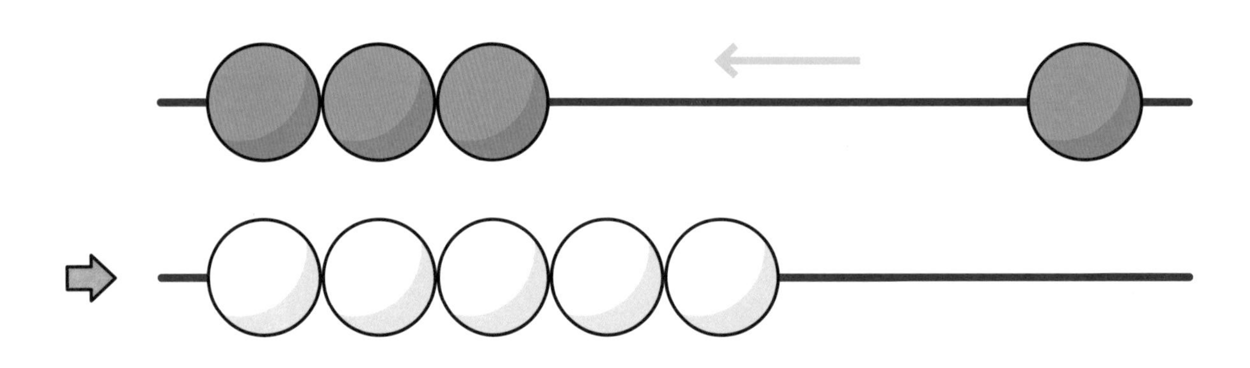

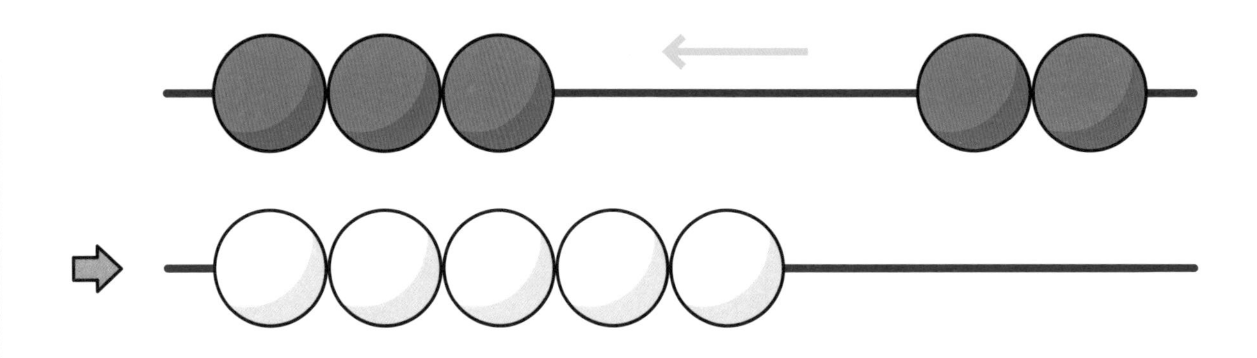

(하나, 둘), (하나)로 나누어져 있는 사물을 어느 한쪽으로 옮기면 한쪽은 (하나, 둘, 셋)이 되고, 다른 쪽은 아무것도 없습니다. 5개 가량의 사물을 둘로 나누어 놓고 한쪽으로 옮기면서 수를 이어 세는 연습을 해 봅니다.

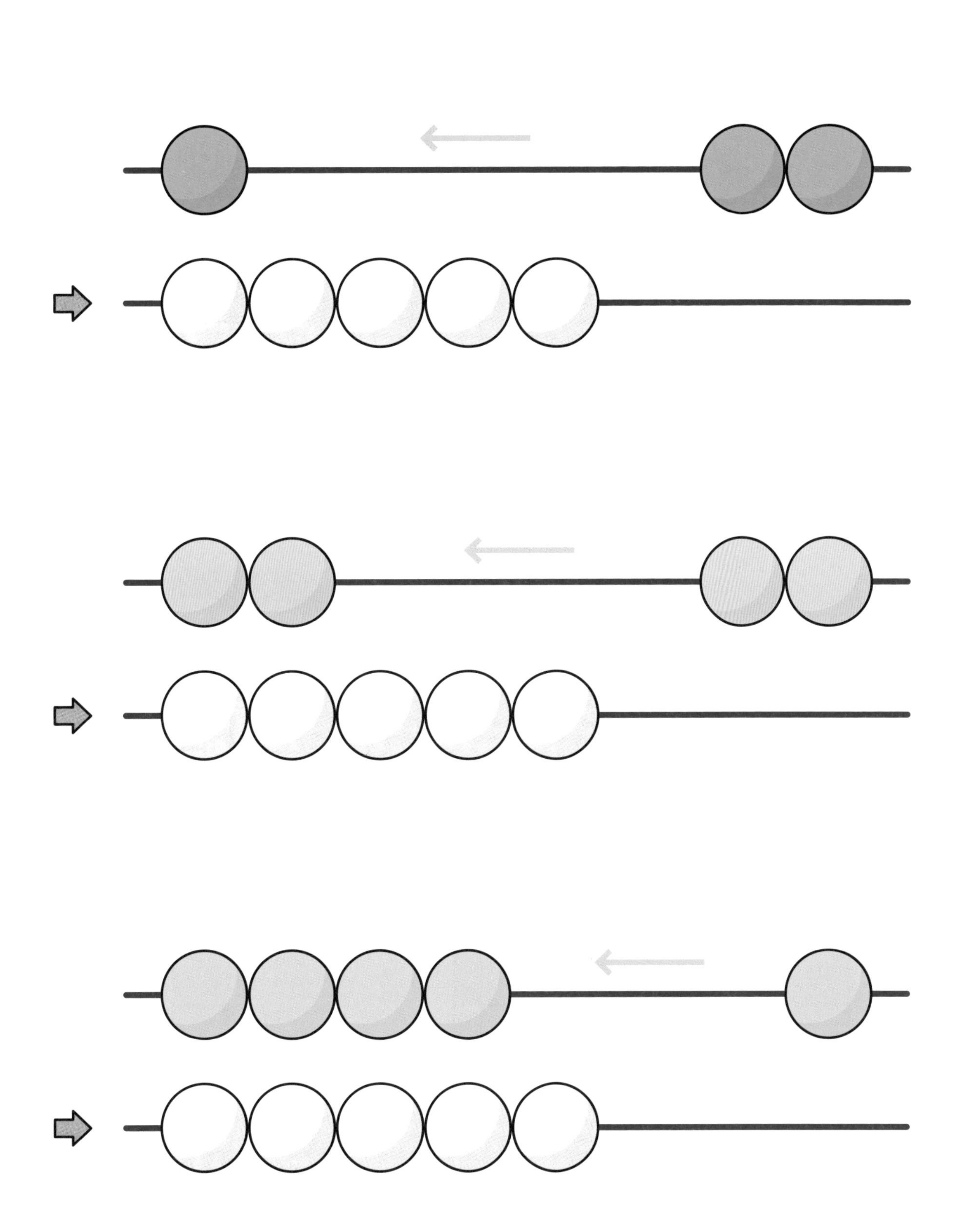

STEP 2

블록을 옮겨 한 줄로 높이 쌓은 것을 찾아 이어 보세요.

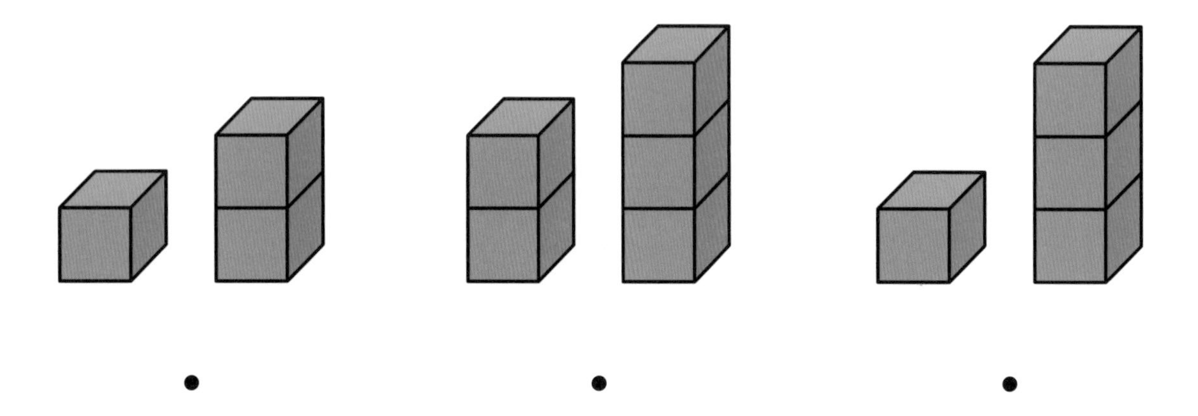

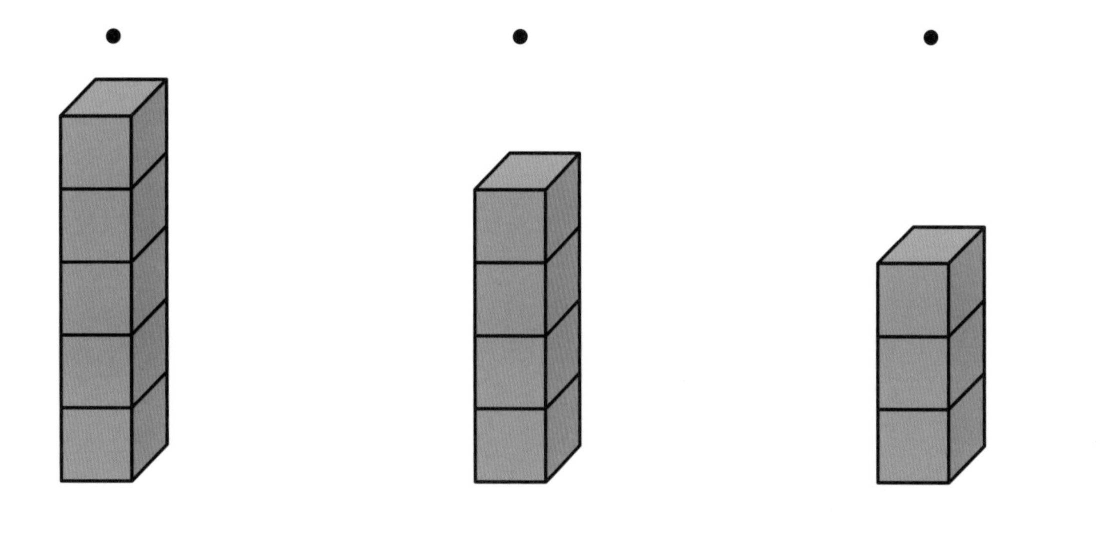

한 줄로 쌓은 블록의 수를 세어 알맞게 이어 보세요.

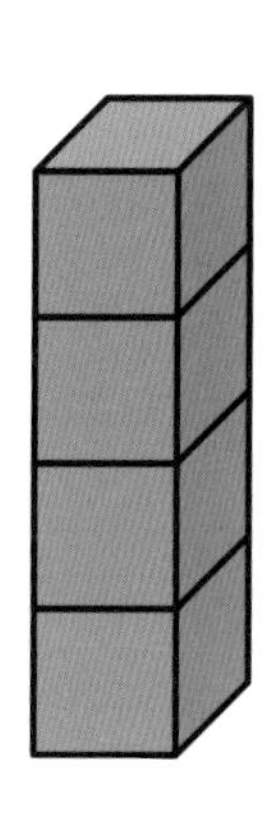

3

5

4

STEP 3
모두 세기

두 상자에 담은 수박의 수를 모두 세어 써 보세요.

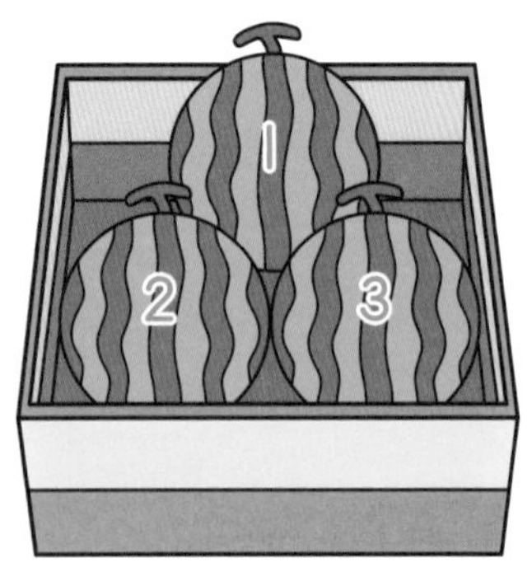

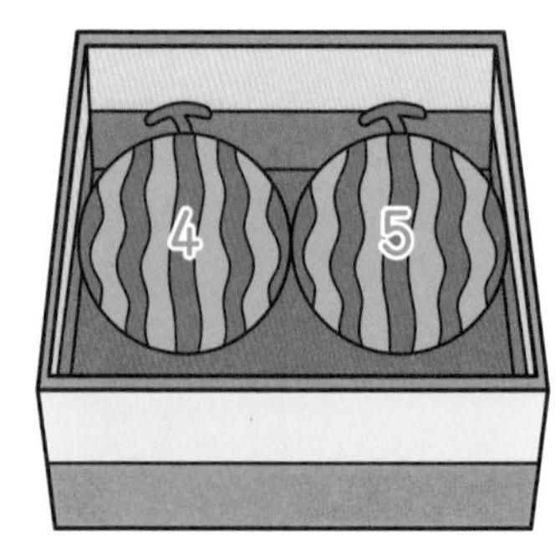

5

모두 셀 때는 많은 쪽의 셋부터 시작하여 넷, 다섯으로 이어 셉니다.

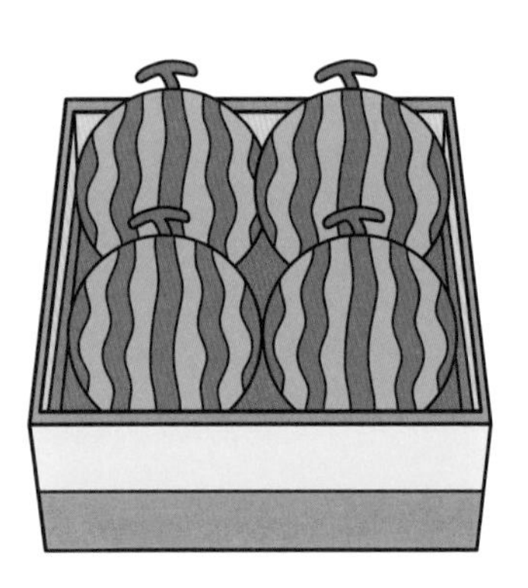

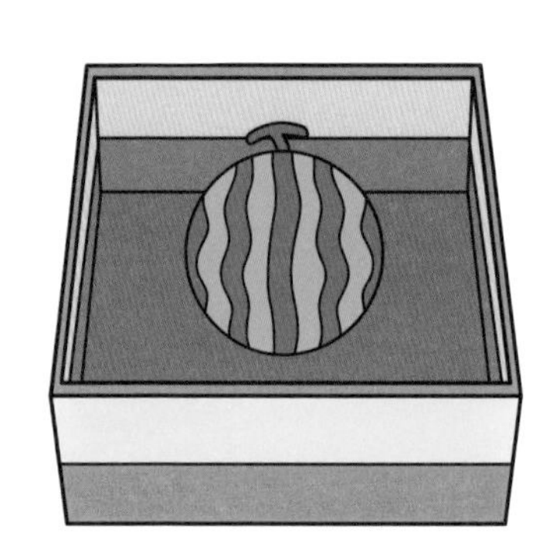

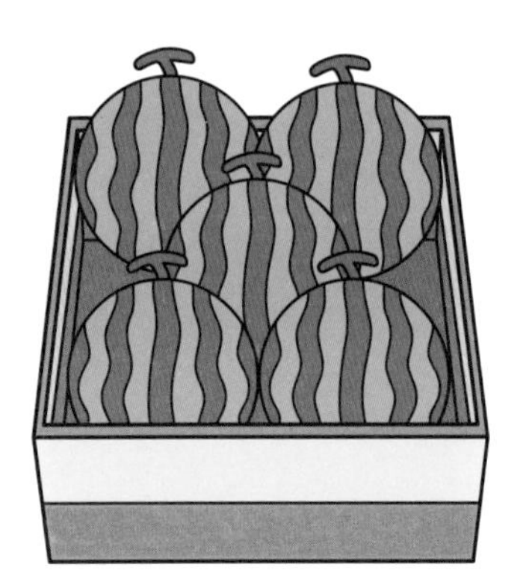

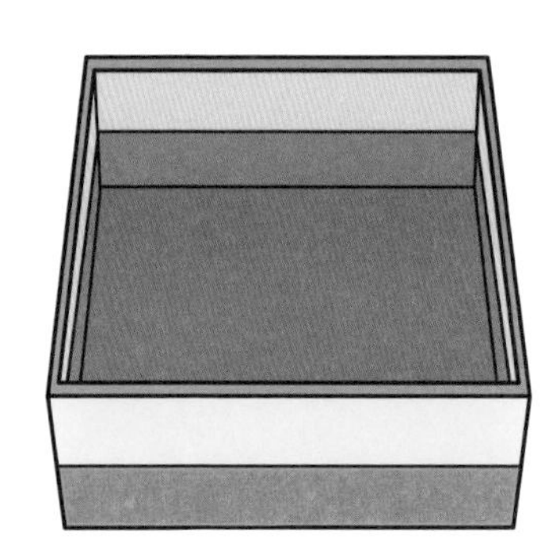

둘로 나누어져 있는 사물을 모두 셀 때는 많은 쪽부터 시작하여 이어 세는 것이 편리합니다. 3개와 2개로 나누어진 수박을 모두 셀 때는 3부터 시작하여 4, 5로 이어 셉니다.

두 울타리 안에 있는 양의 수를 모두 세어 써 보세요.

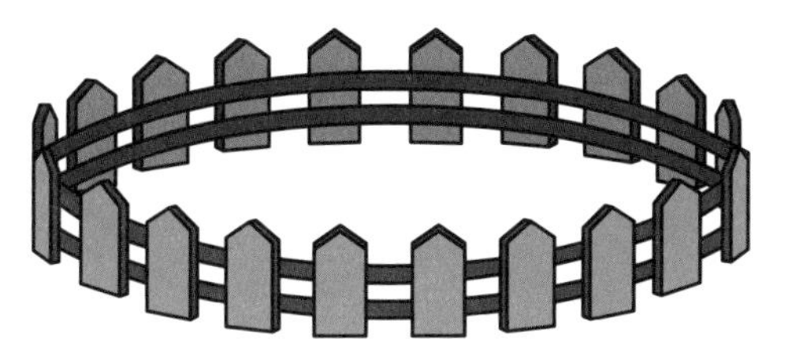  

STEP 3

펼친 손가락의 수를 모두 세어 알맞게 이어 보세요.

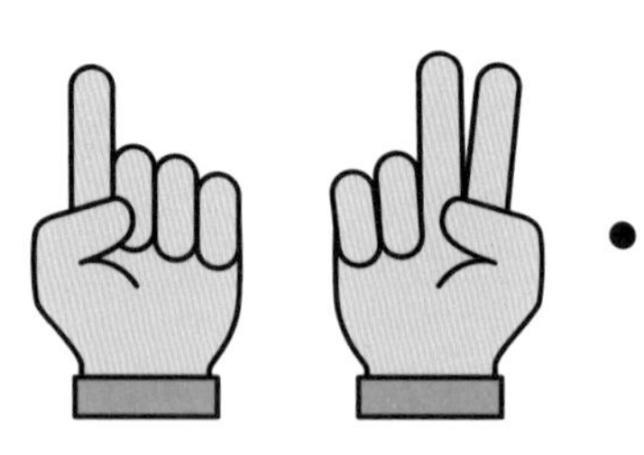

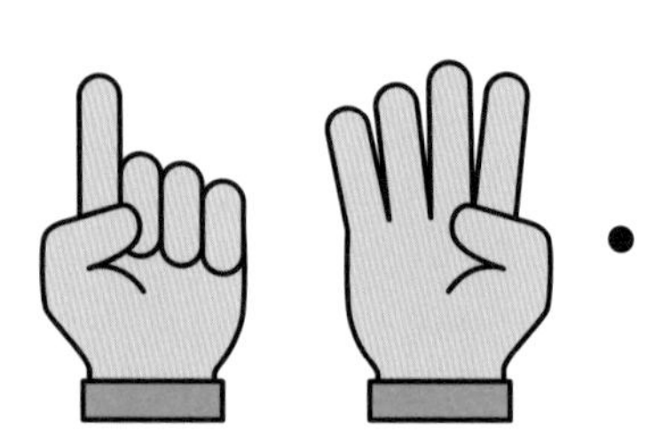

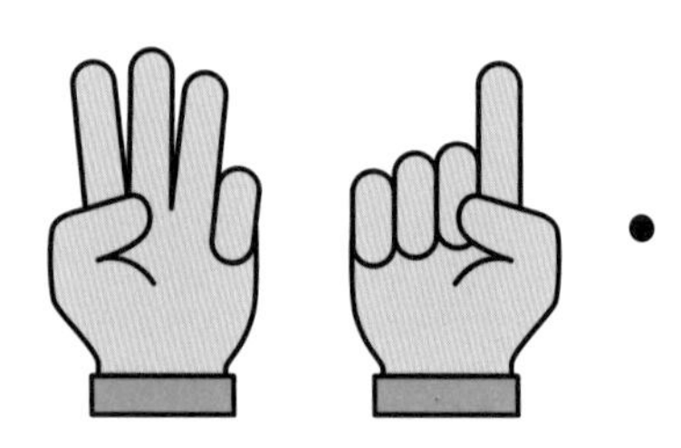

2

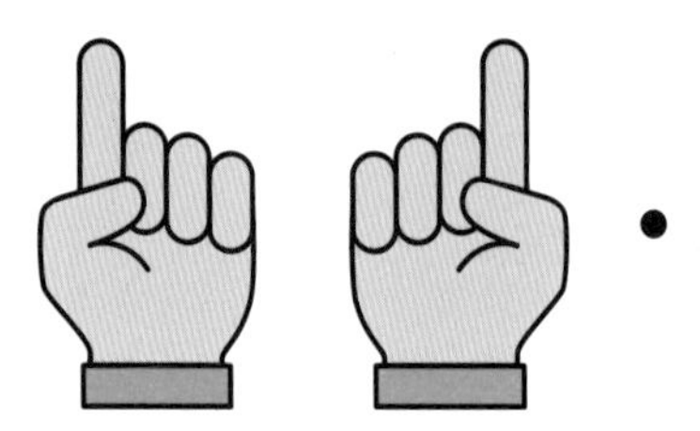

4

펼친 손가락의 수를 모두 세어 써 보세요.

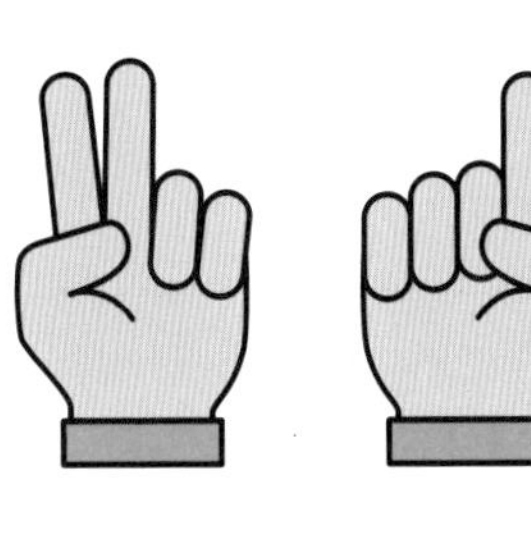

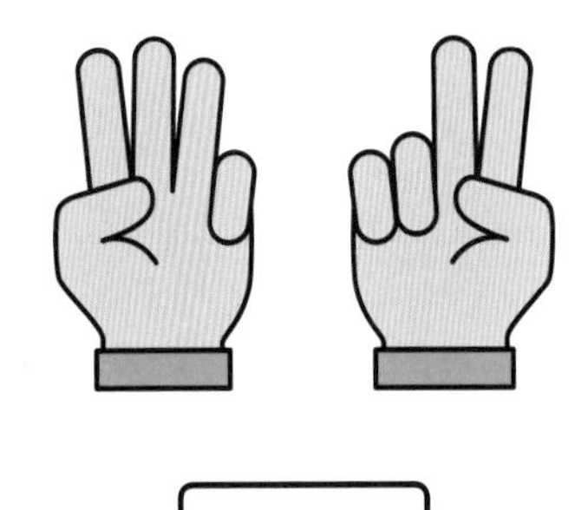

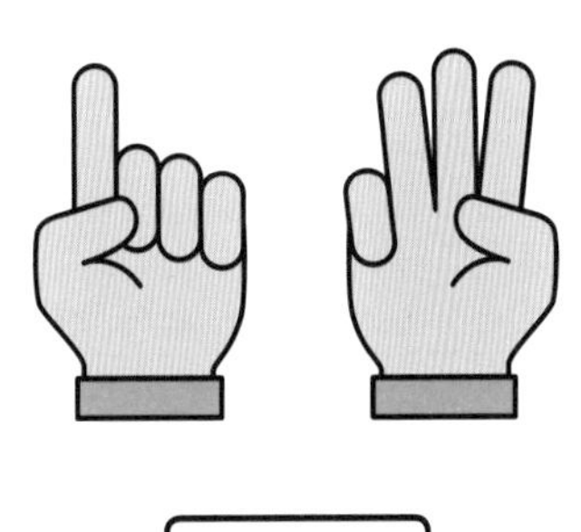

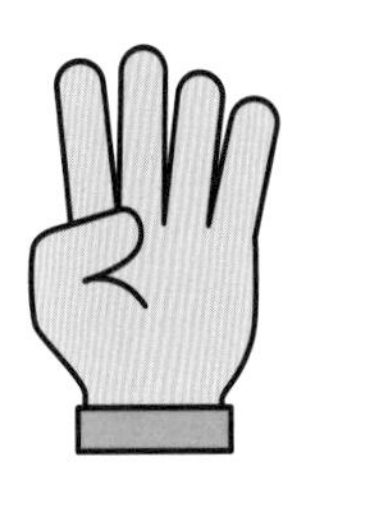

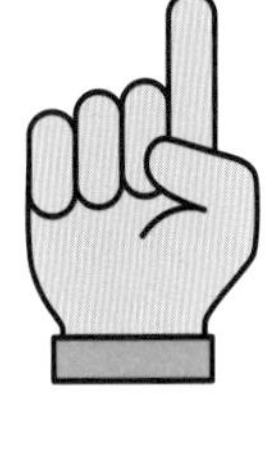

수로 나타내기

나무를 모으기 합니다. 나무의 수를 각각 세어 써 보세요.

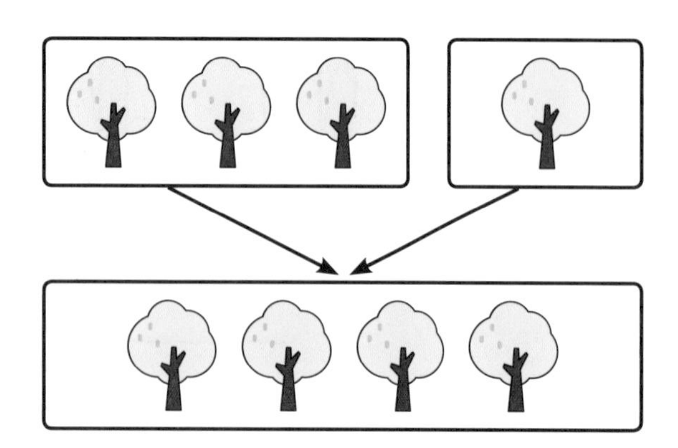

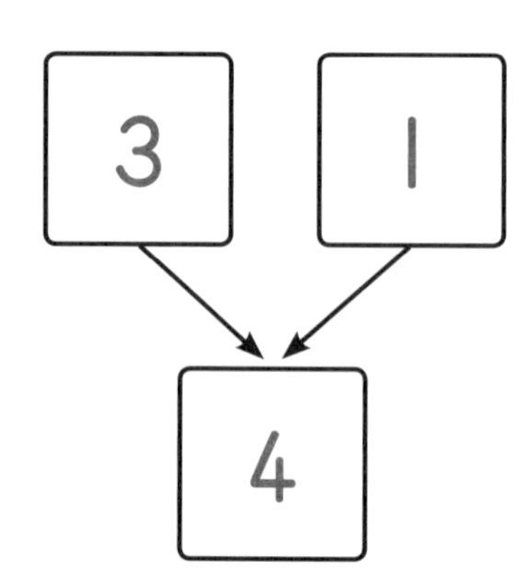

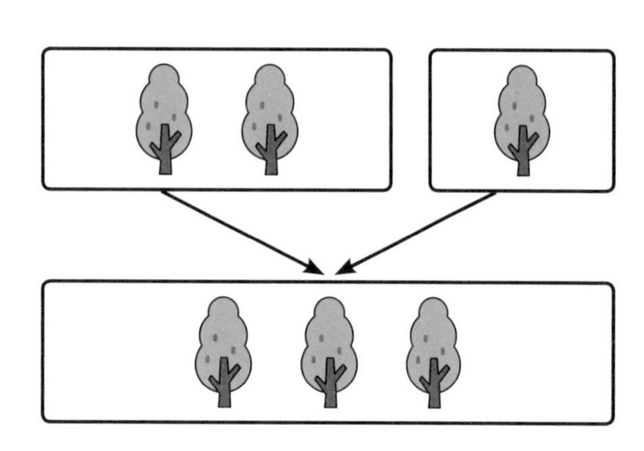

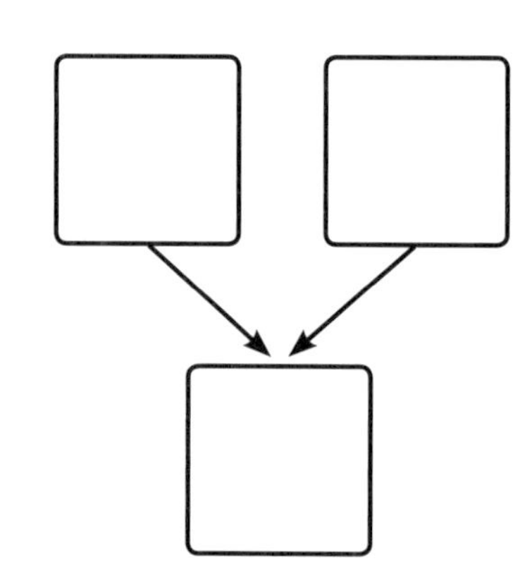

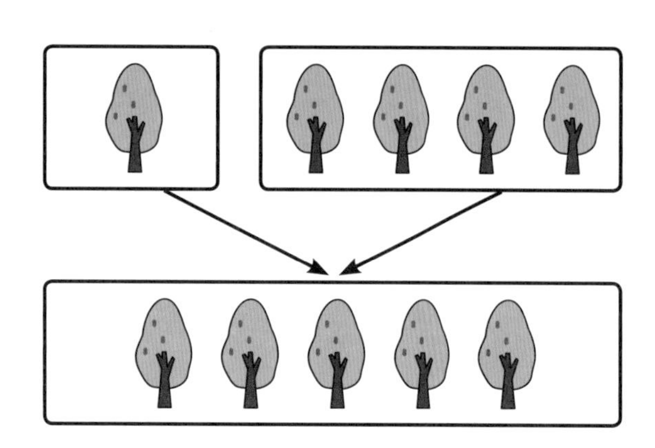

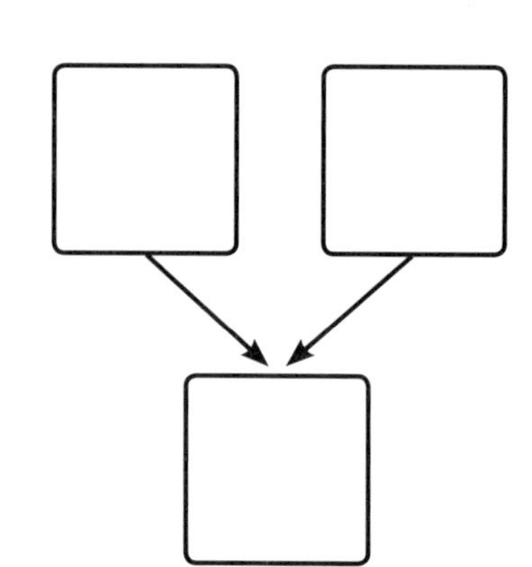

사물을 모으기 하는 그림을 보고 수로 나타내 봅니다. 이와 같은 수 모으기를 통해 수 사이의 관계를 이해하고 덧셈의 기본적인 개념을 익힙니다.

구슬을 모으기 합니다. 모으기 한 구슬 수만큼 ◯를 그리고 수를 써 보세요.

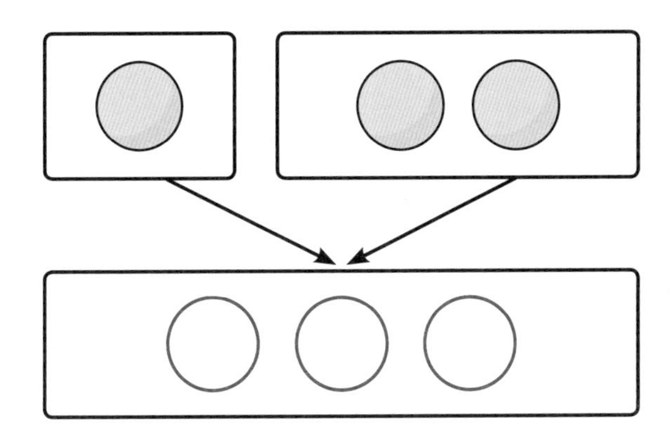

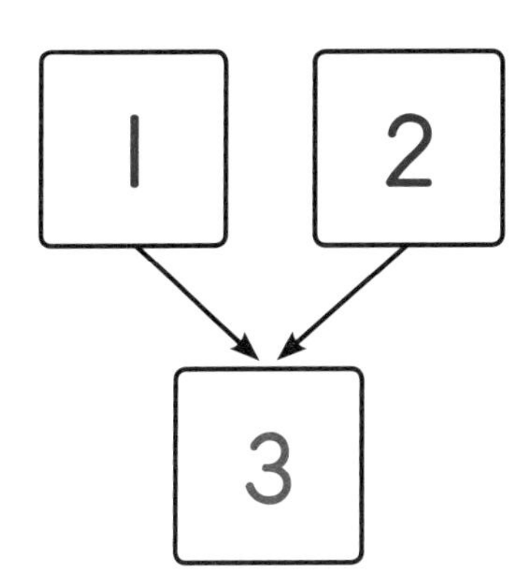

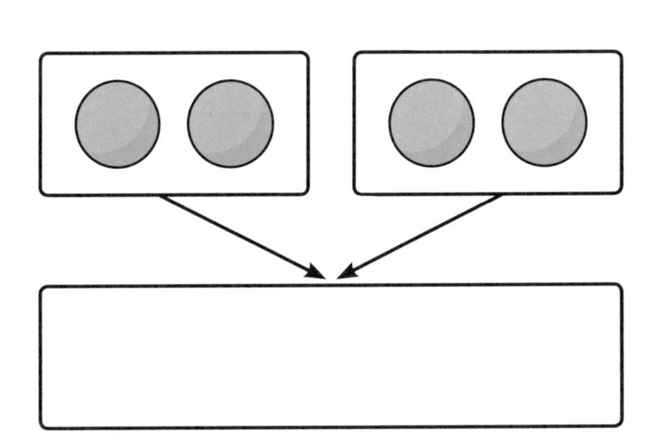

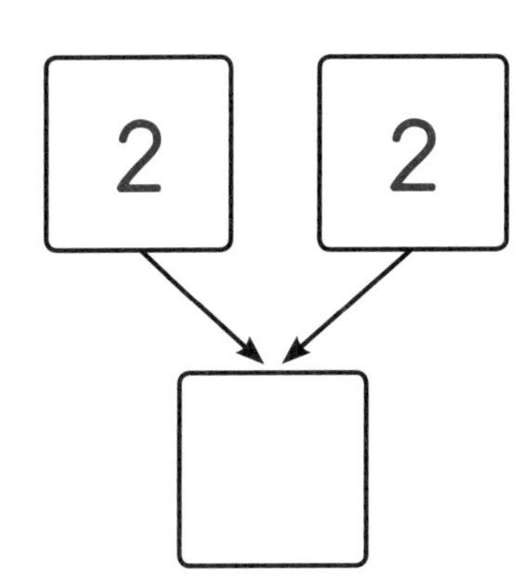

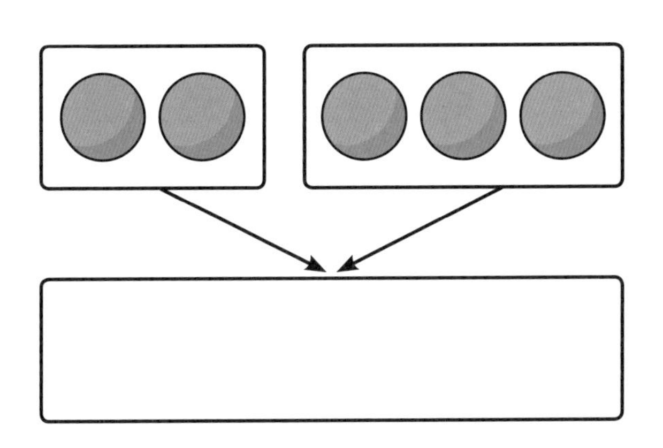

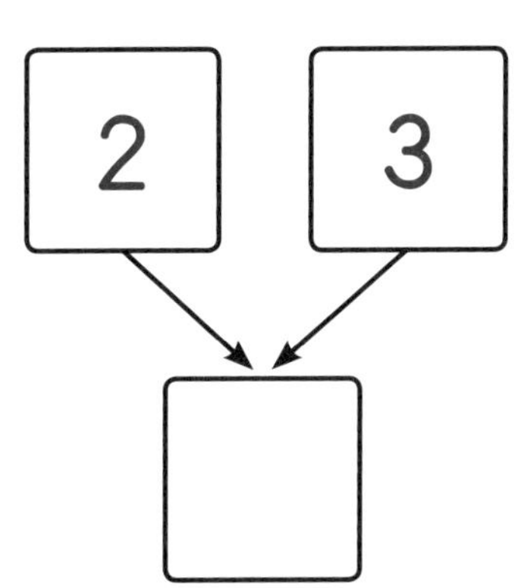

STEP 4

점을 각각 세어 위쪽에 써넣고, 점을 모두 세어 아래쪽에 써 보세요.

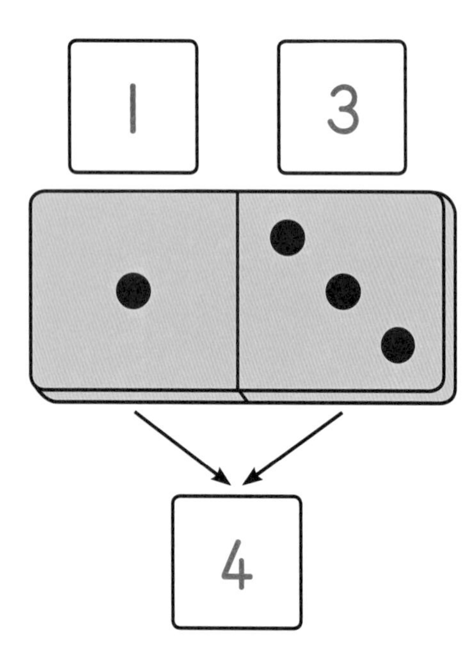

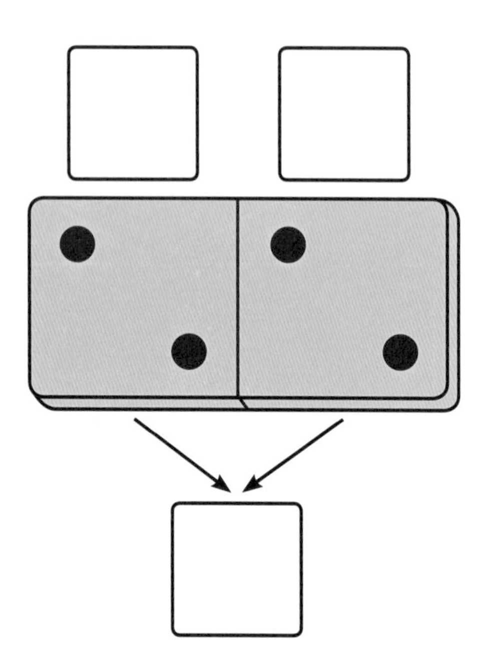

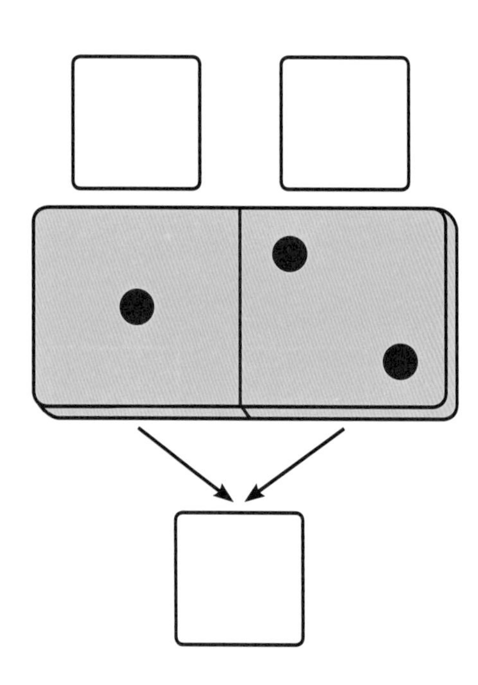

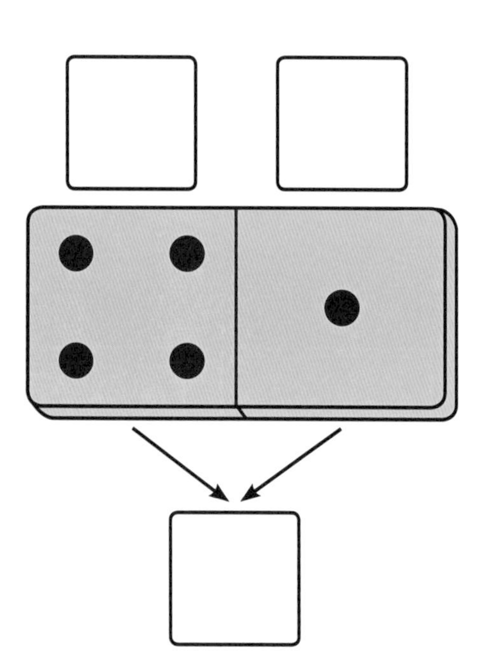

동물별로 각각 세어 위쪽에 써넣고, 동물을 모두 세어 아래쪽에 써 보세요.

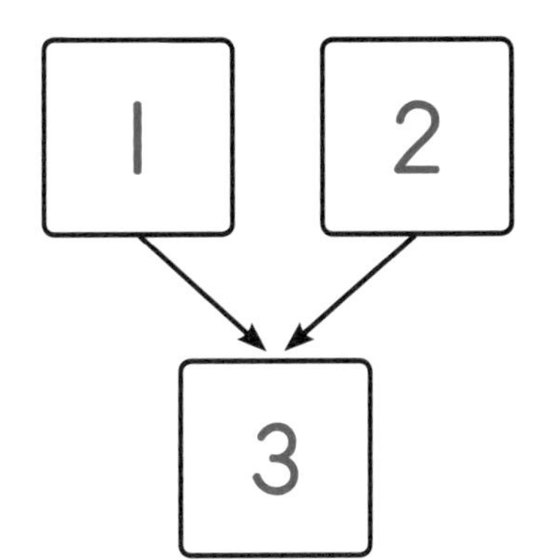

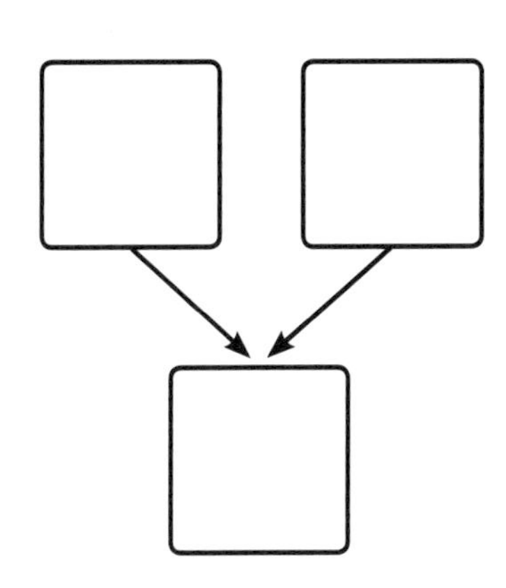

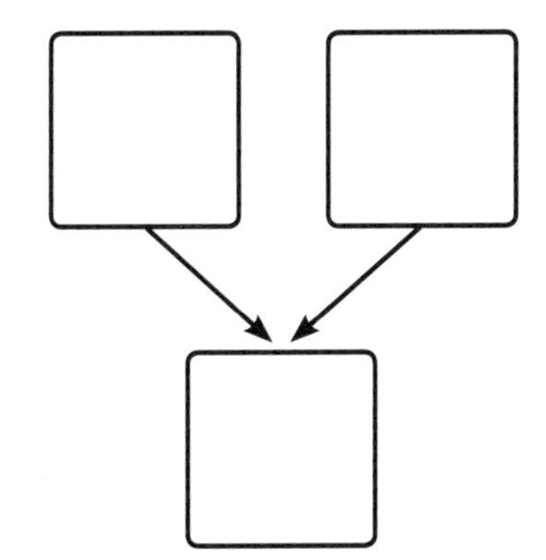

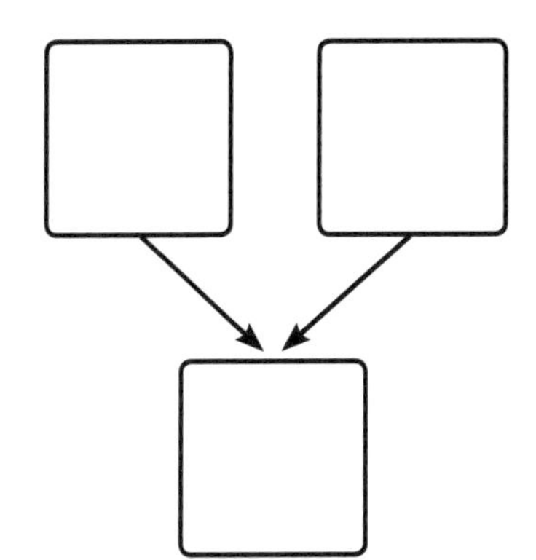

3 나누어 세기

사물을 나누어 셀 수 있습니다.

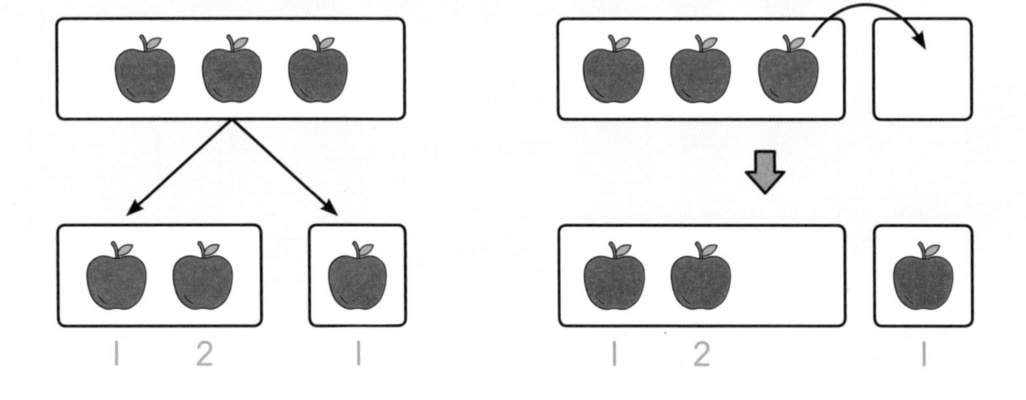

이 단원에서는 사물을 둘로 나누어 각각 세는 활동을 합니다. 사물을 나누어 각각 세는 것은 뺄셈의 기본적인 원리를 이해하는 과정입니다.

유아는 모아서 세는 것보다 나누어 세는 것을 어려워합니다. 주변에서 바둑돌, 블록 등의 구체물을 둘로 나누어 각각 세어 보고, 둘로 나눈 것을 다시 모아서 세어 보면 모아서 세기와 나누어 세기의 관계를 이해할 수 있습니다.

STEP 1

둘로 나누기

빵을 양쪽에 적힌 수만큼 두 묶음으로 나누어 묶어 보세요.

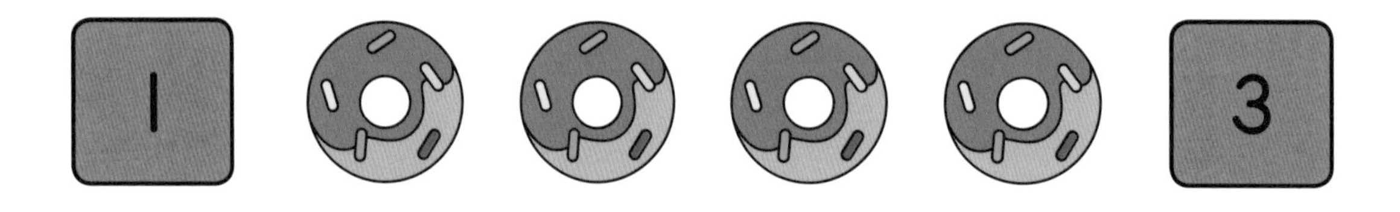

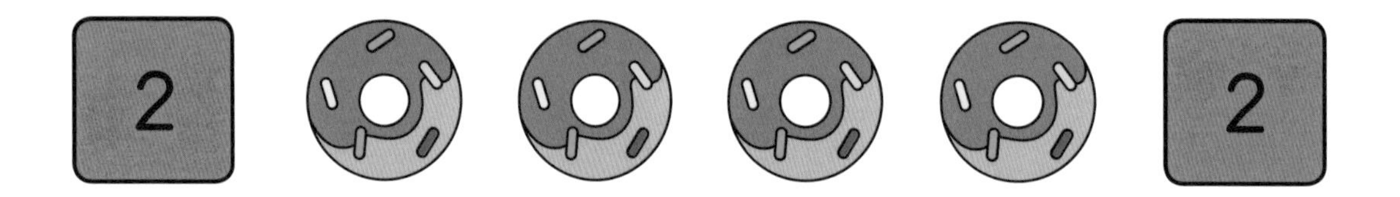

3 1

여러 가지 방법으로 전체를 둘로 나누어 봅니다. (하나, 둘, 셋)은 (하나)와 (하나, 둘)로 나눌 수 있고, (하나, 둘)과 (하나)로 나눌 수도 있습니다.

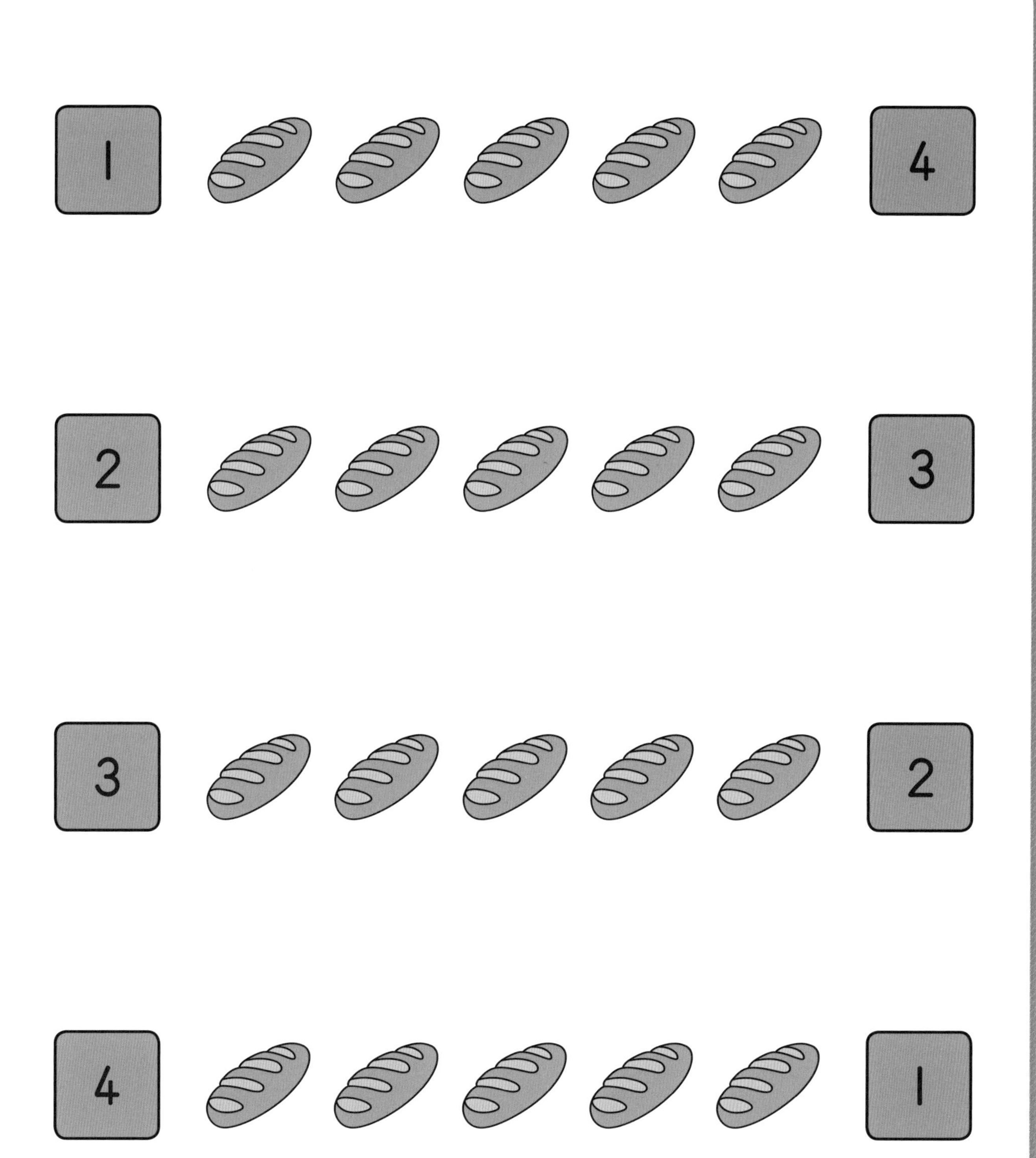

STEP 1

봉지에 담긴 귤을 알맞게 나눈 것을 찾아 이어 보세요.

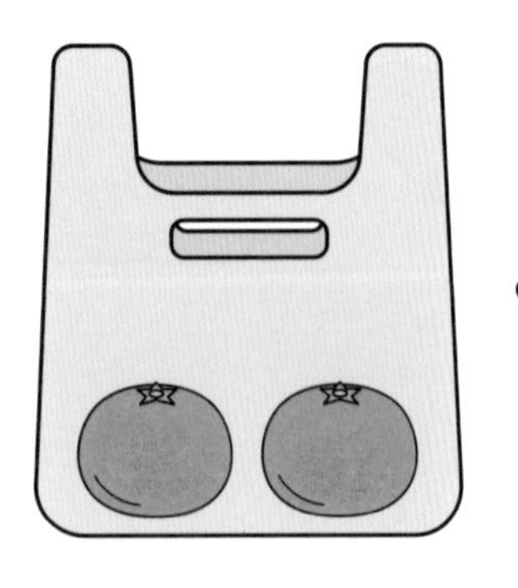

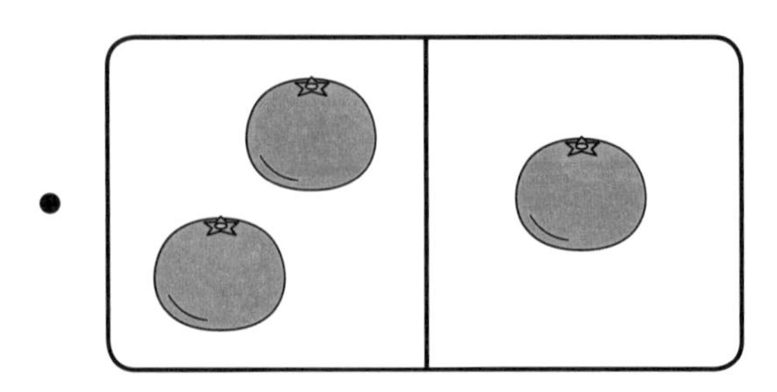

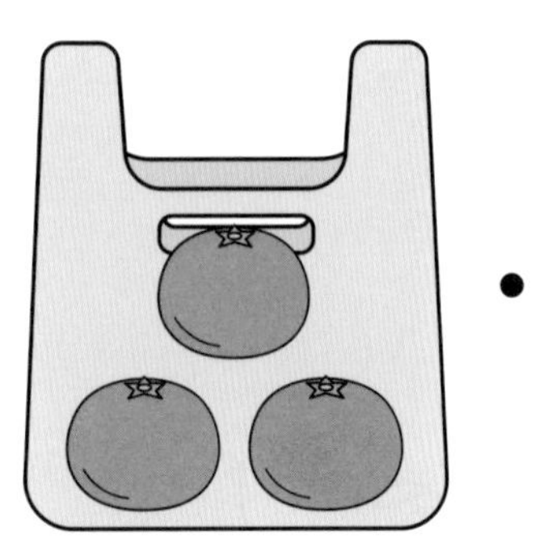

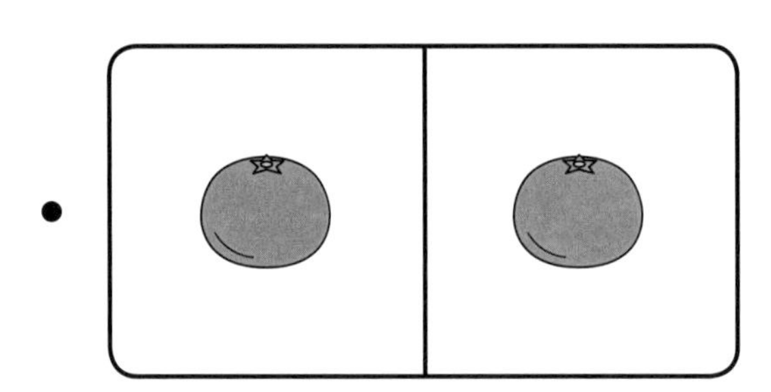

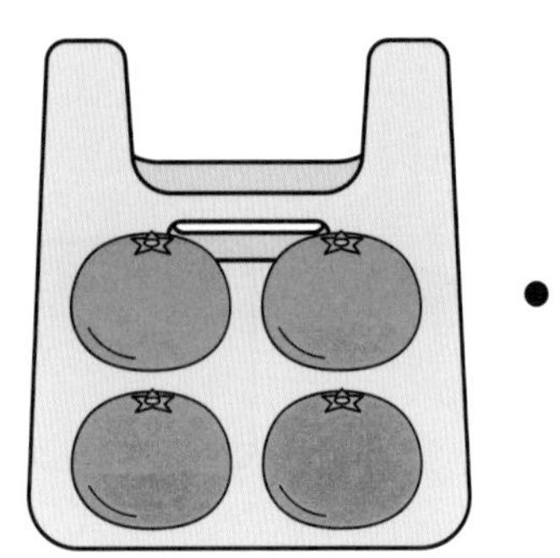

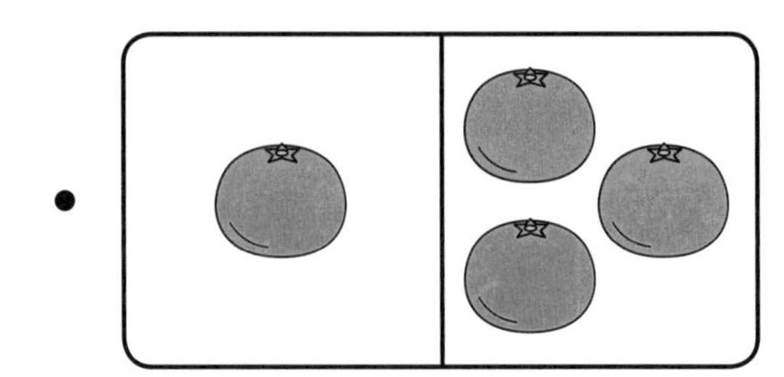

나누어진 귤의 수를 각각 세어 알맞게 이어 보세요.

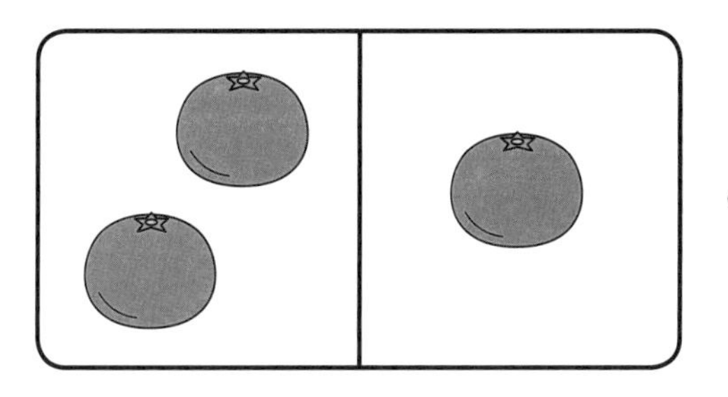

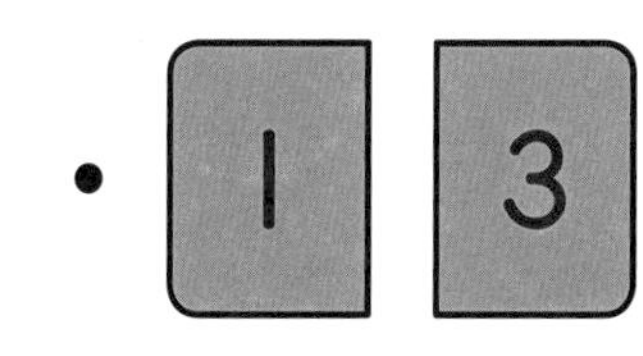

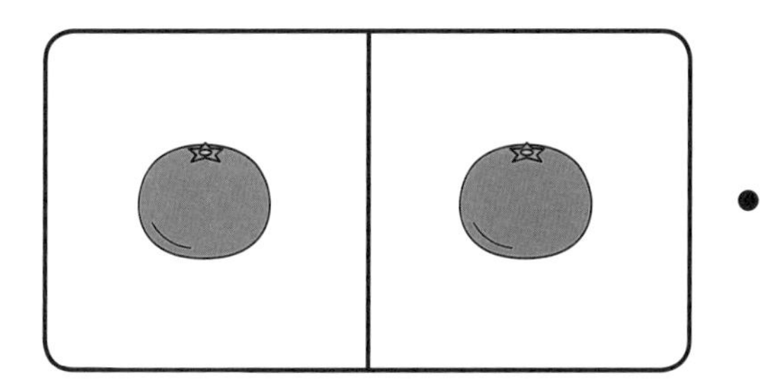

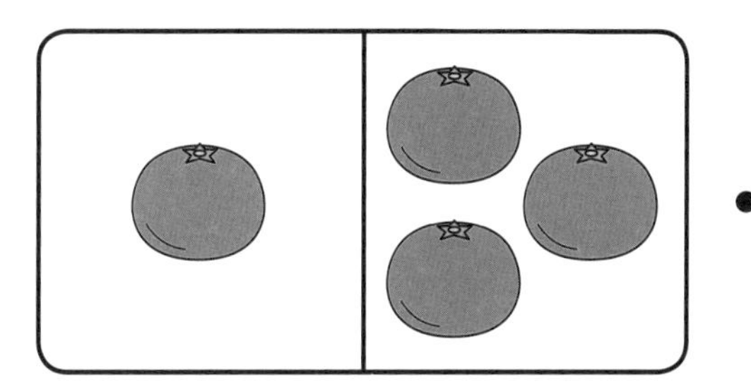

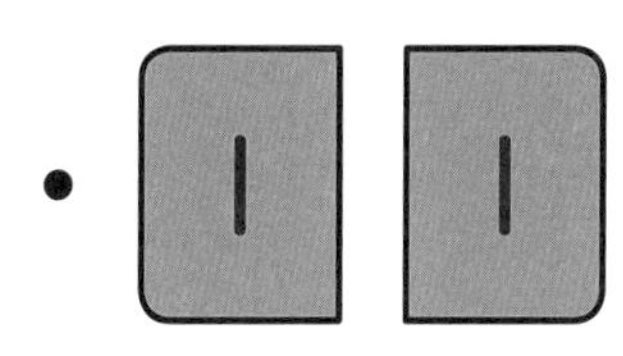

STEP 2

옮겨서 나누기

구슬 몇 개를 옮겼습니다. 옮기고 남은 구슬 수만큼 색칠해 보세요.

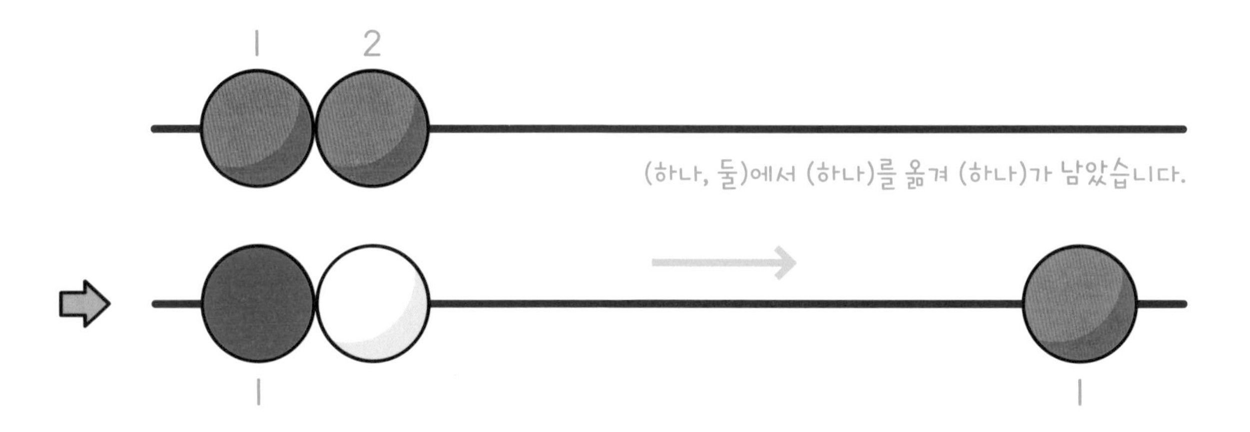

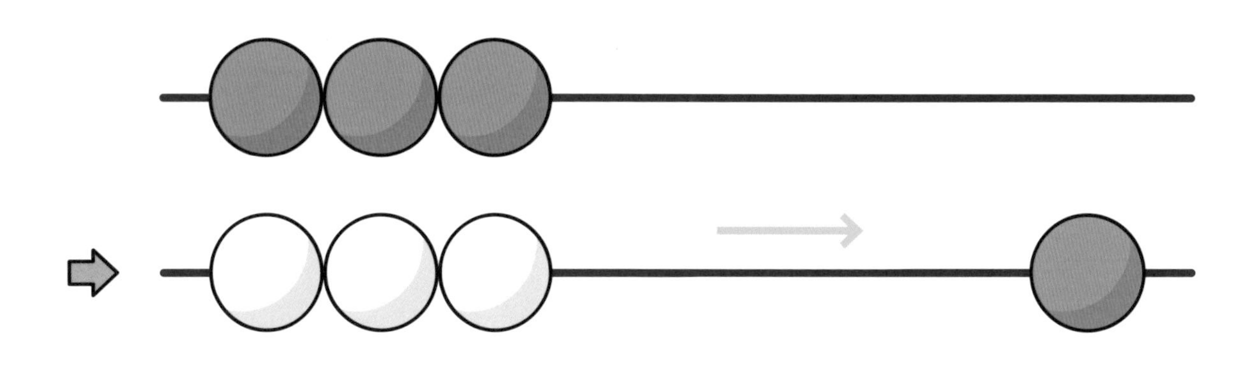

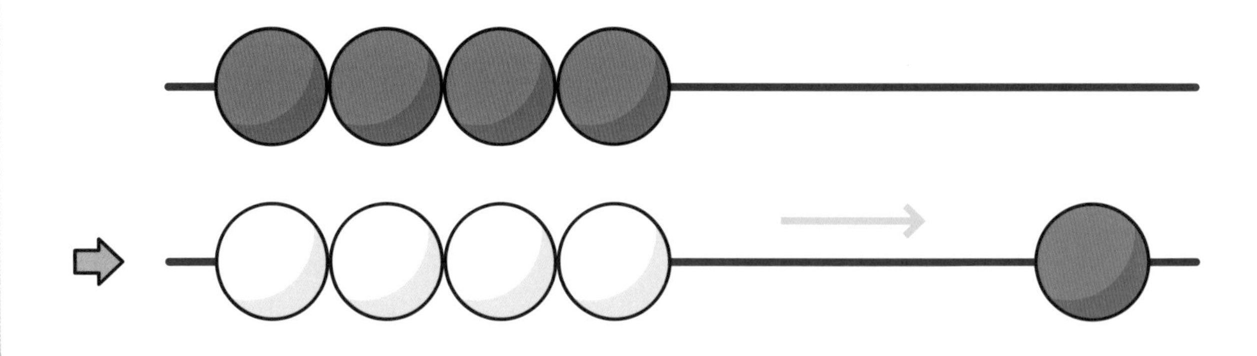

전체 중 일부를 옮겨서 둘로 나누어 봅니다. (하나, 둘, 셋)에서 (하나)를 옮기면 (하나, 둘)과 (하나)로 나누어지고, (하나, 둘)을 옮기면 (하나)와 (하나, 둘)로 나누어집니다.

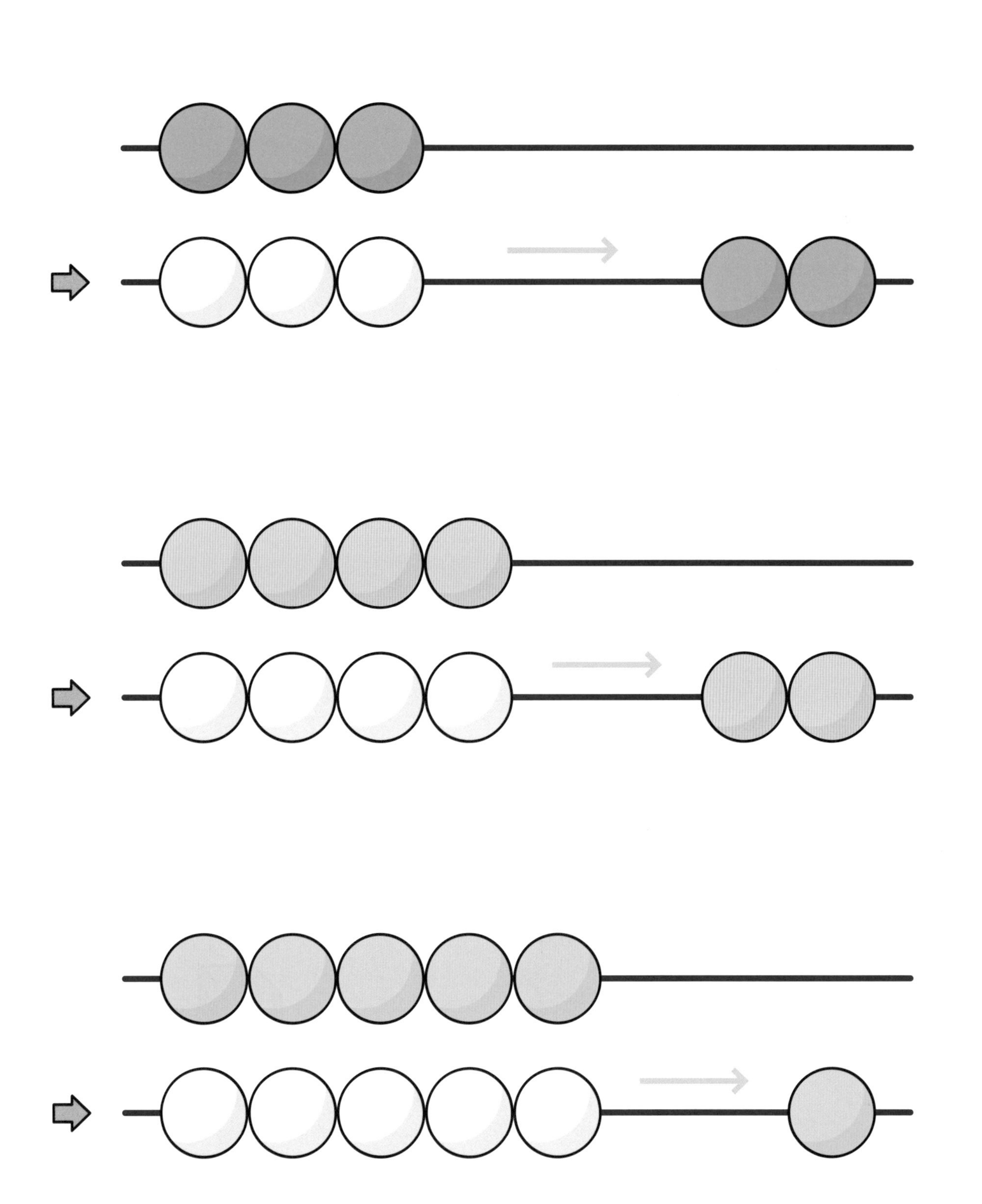

블록을 옮겨서 나눈 것을 찾아 이어 보세요.

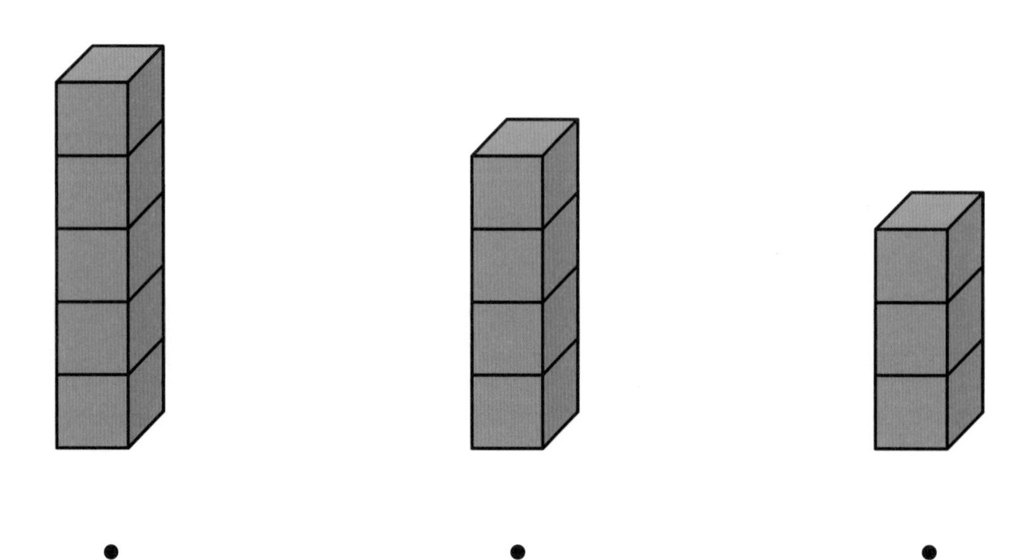

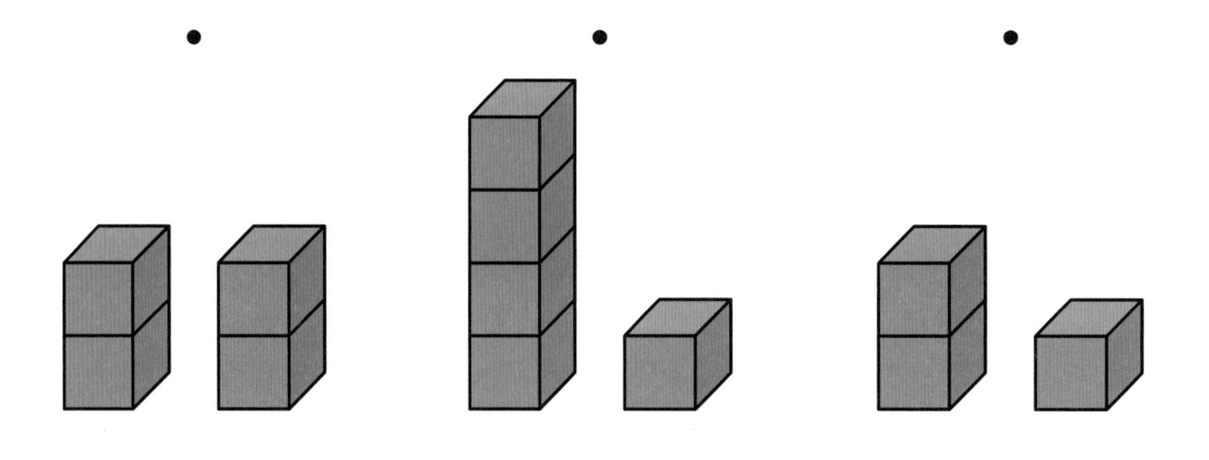

월 일

나누어진 블록의 수를 각각 세어 알맞게 이어 보세요.

2	2

2	1

4	1

STEP 3

나누어 세기

농구공의 수가 4입니다. 각 묶음에 있는 농구공의 수를 각각 세어 보세요.

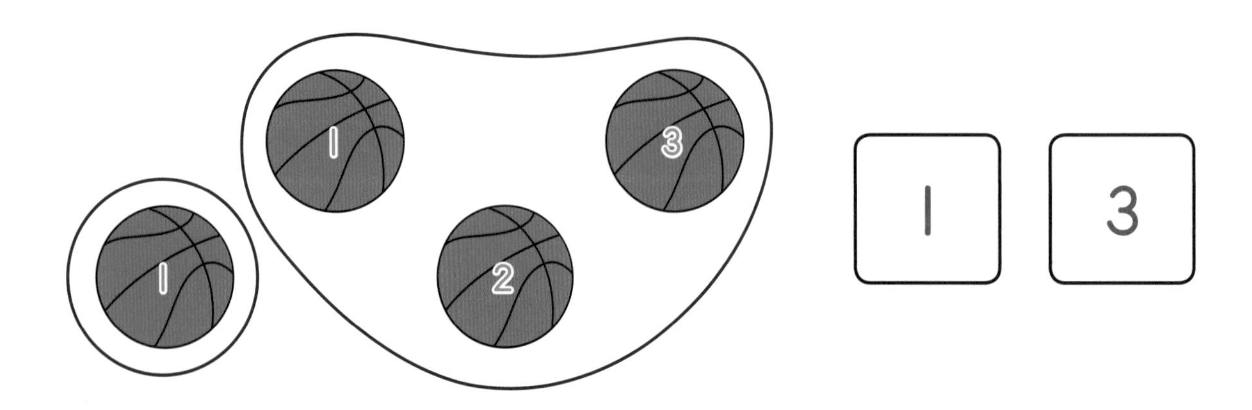

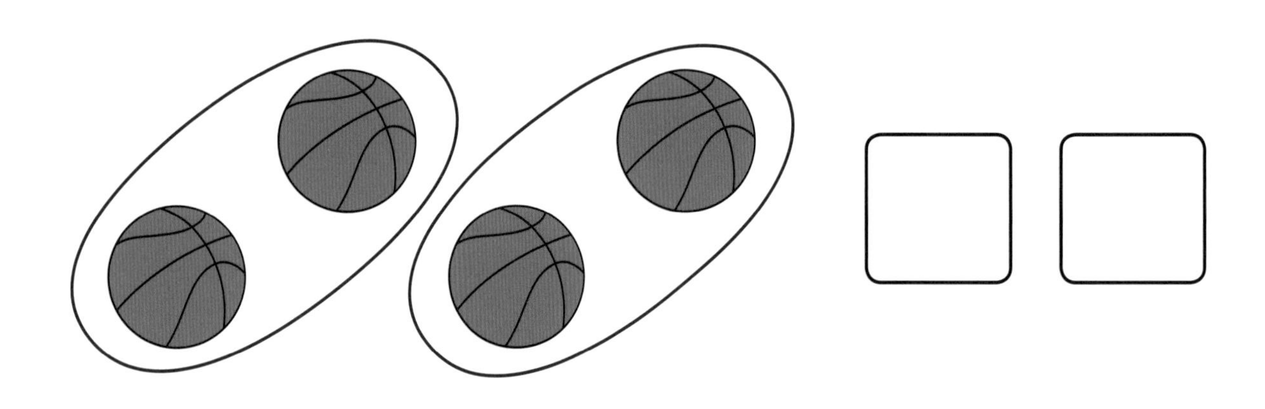

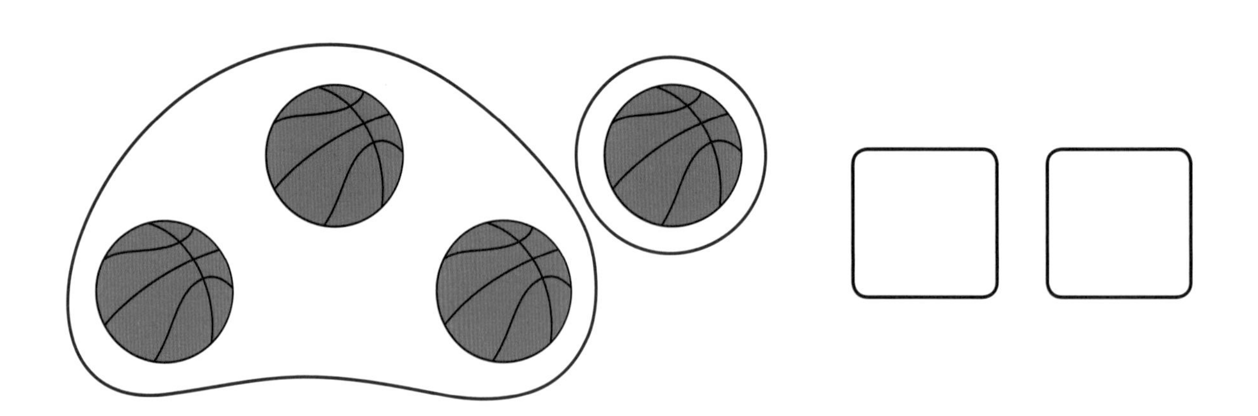

여러 가지 방법으로 둘로 나누어 세어 봅니다. 4는 (1, 3), (2, 2), (3, 1)로 나누어 셀 수 있고, 5는 (4, 1), (3, 2), (2, 3), (1, 4)로 나누어 셀 수 있습니다.

야구공의 수가 5입니다. 각 묶음에 있는 야구공의 수를 각각 세어 보세요.

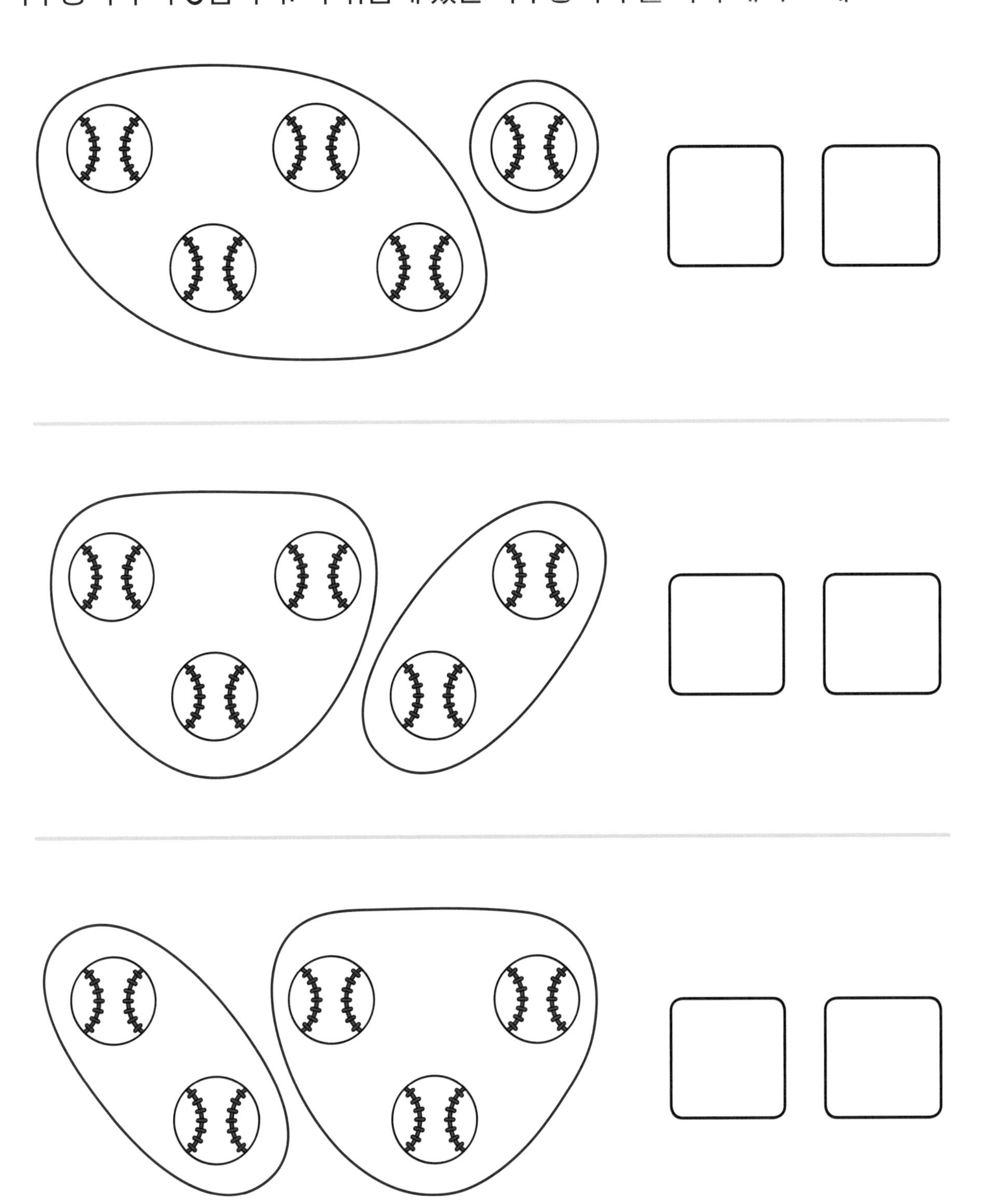

STEP 3

사탕을 나누었습니다. 알맞게 이어 보세요.

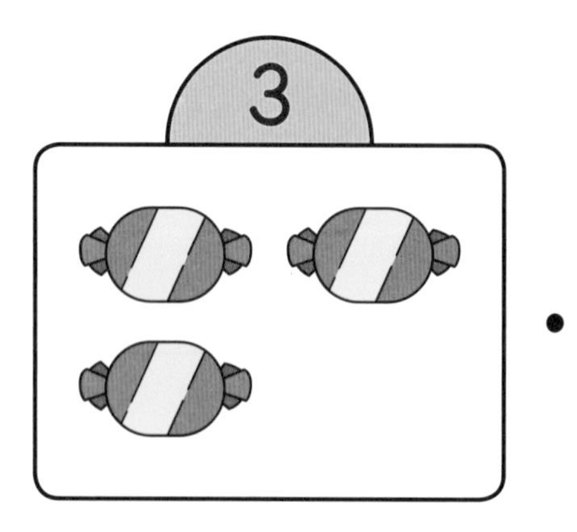

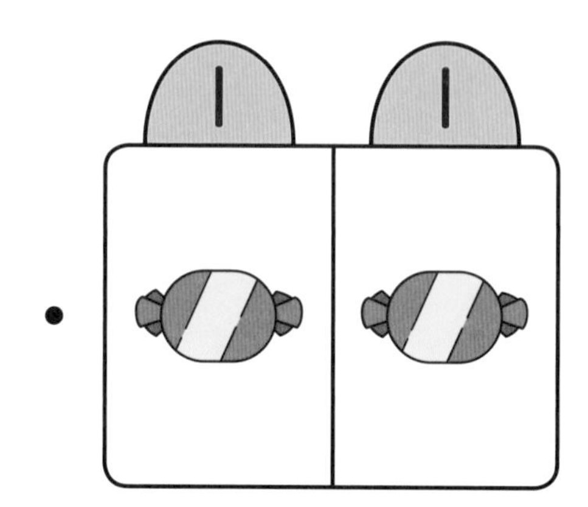

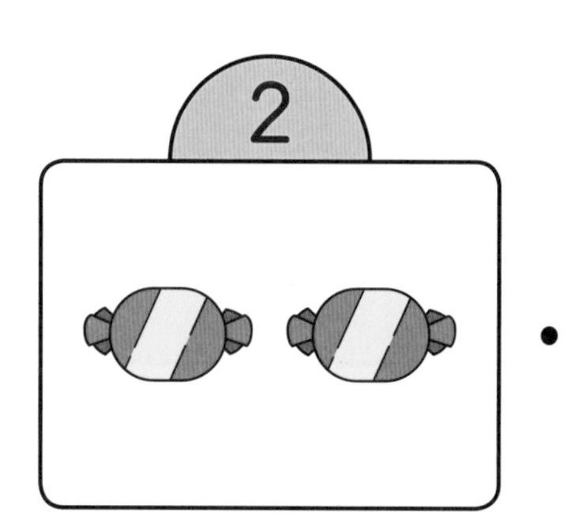

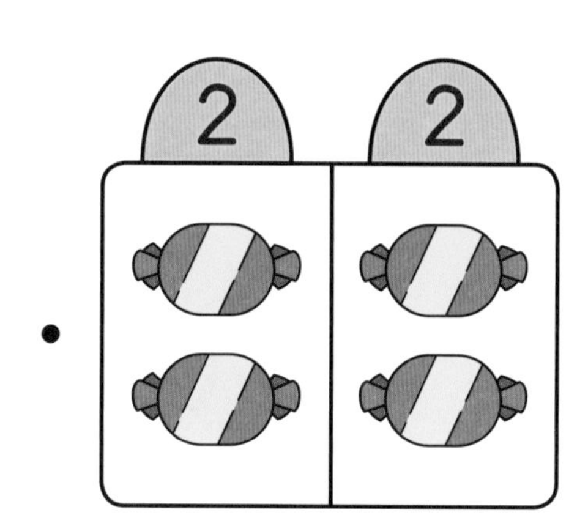

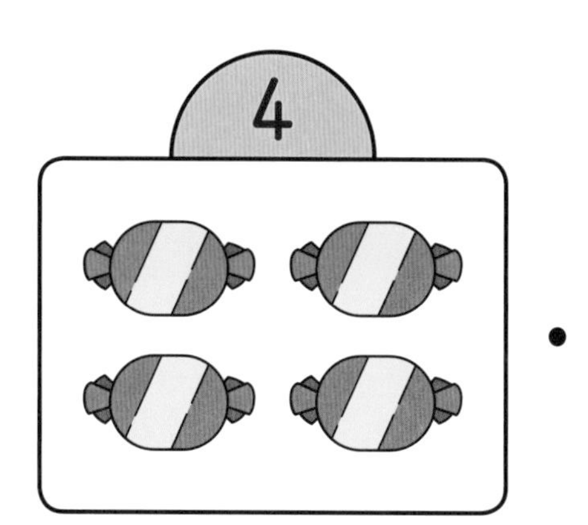

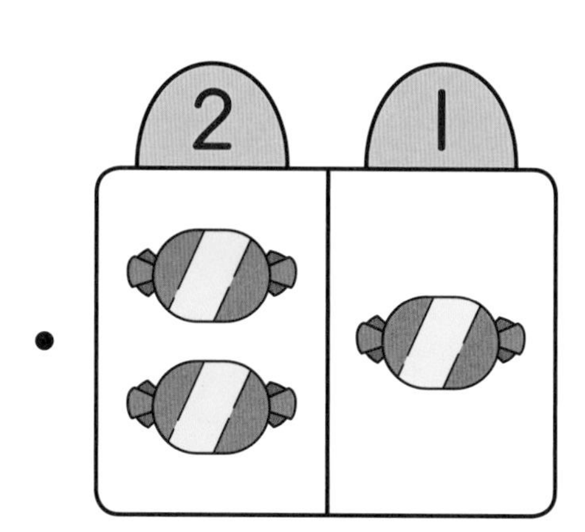

어항에 물고기가 많아 두 어항으로 나누었습니다. 알맞은 그림에 ◯표 하세요.

STEP 4

수로 나타내기

단추를 가르기 합니다. 단추의 수를 각각 세어 써 보세요.

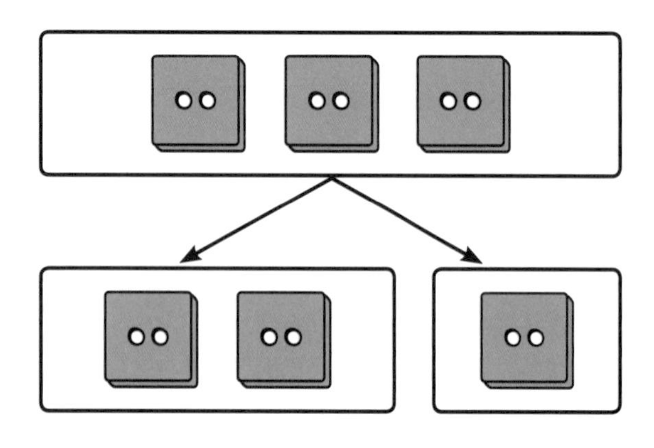

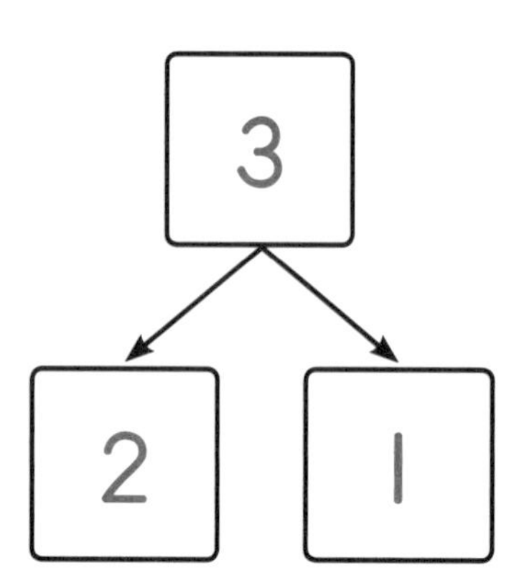

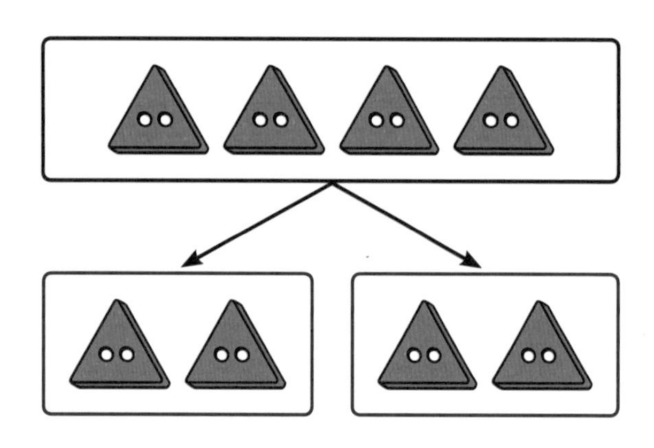

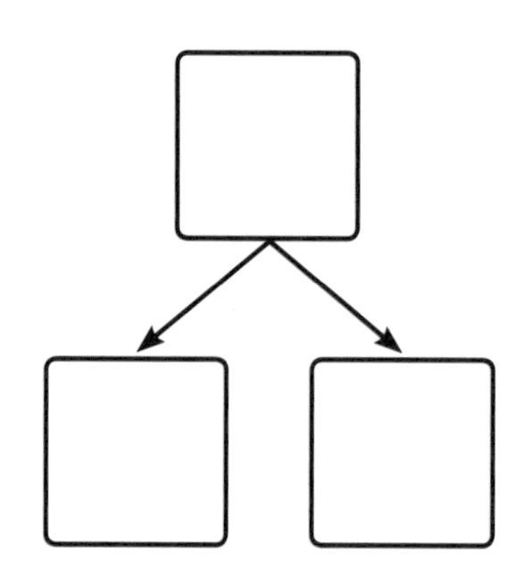

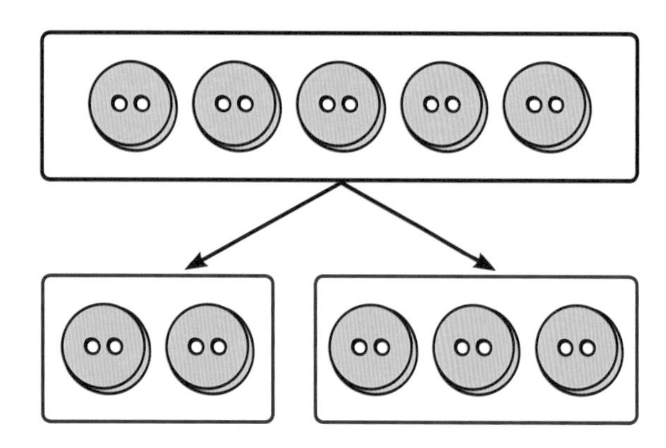

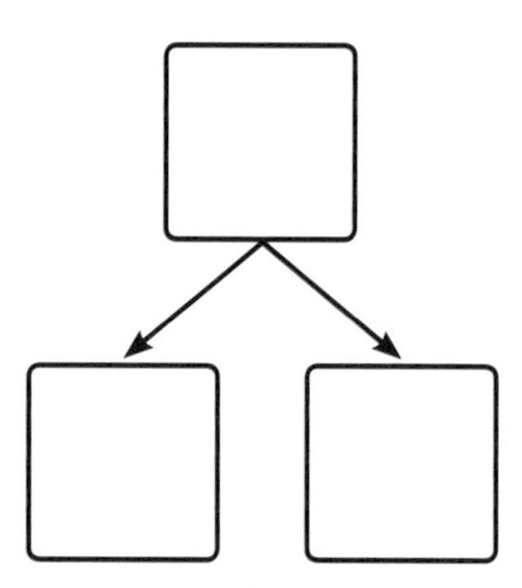

사물을 가르기 한 그림을 보고 수로 나타내 봅니다. 이와 같은 수 가르기를 통해 수 사이의 관계를 이해하고 뺄셈의 기본적인 개념을 익힙니다.

구슬을 가르기 합니다. 가르기 한 구슬 수만큼 ◯를 그리고 수를 써 보세요.

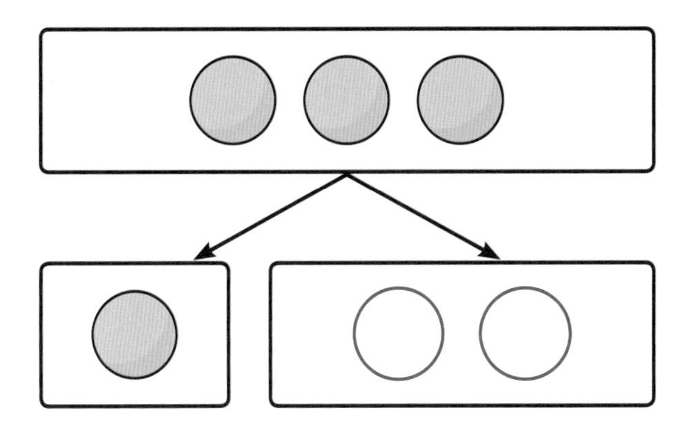

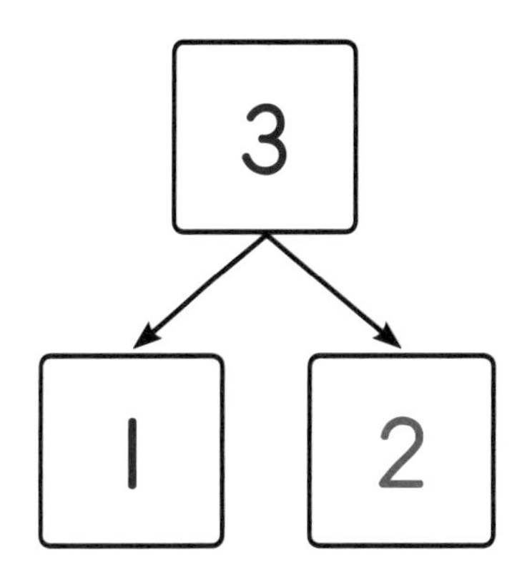

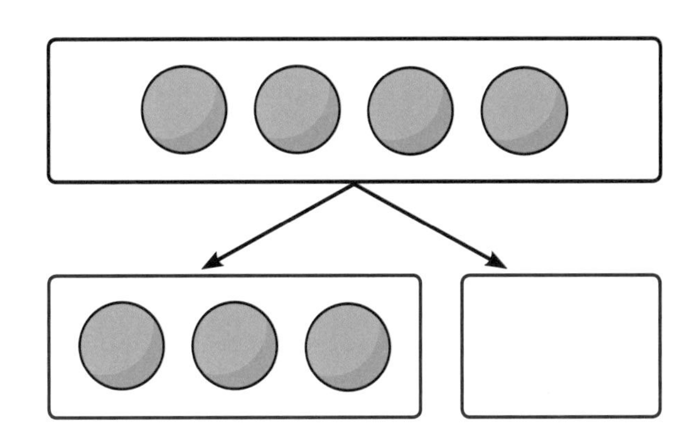

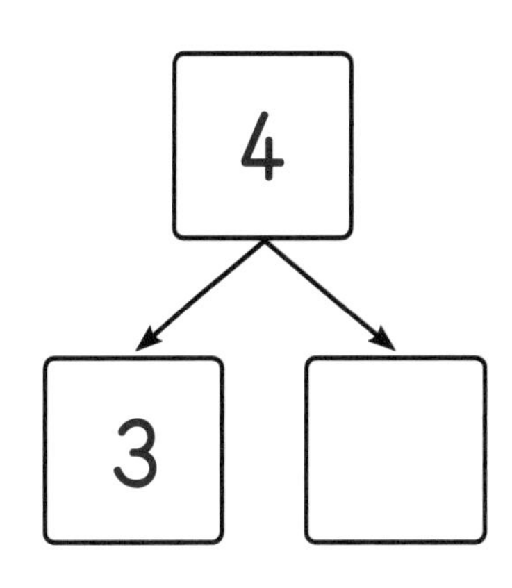

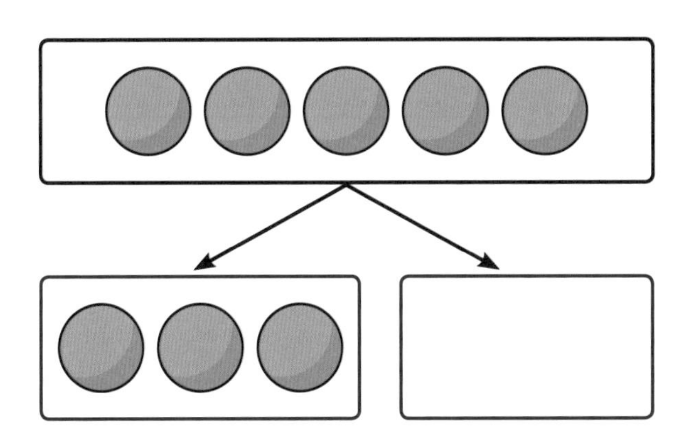

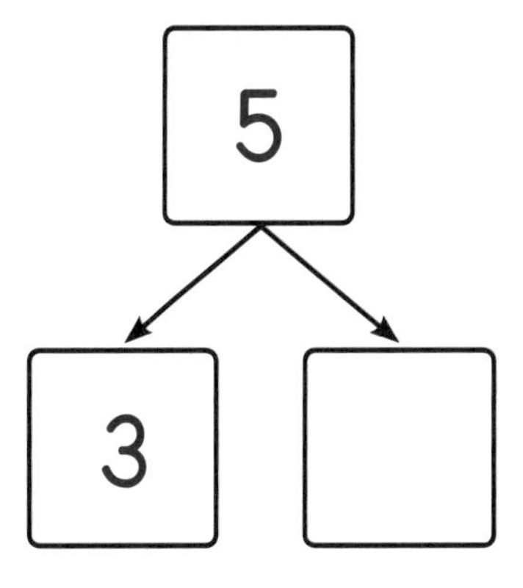

STEP 4

점을 모두 세어 위쪽에 써넣고, 나누어진 점을 각각 세어 아래쪽에 써 보세요.

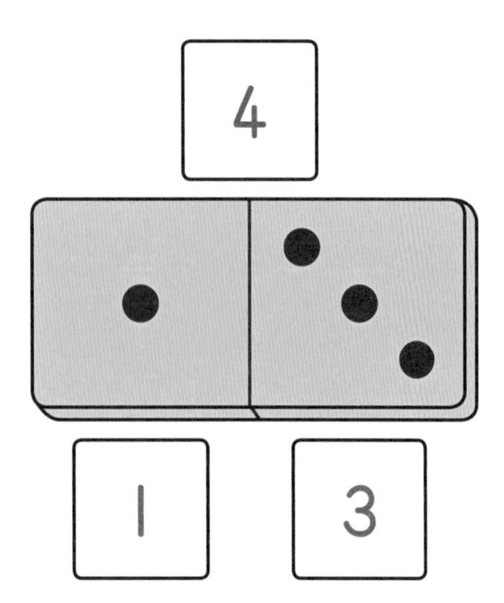

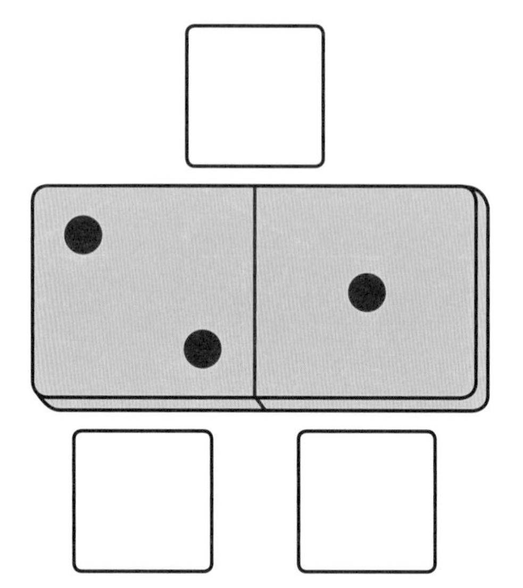

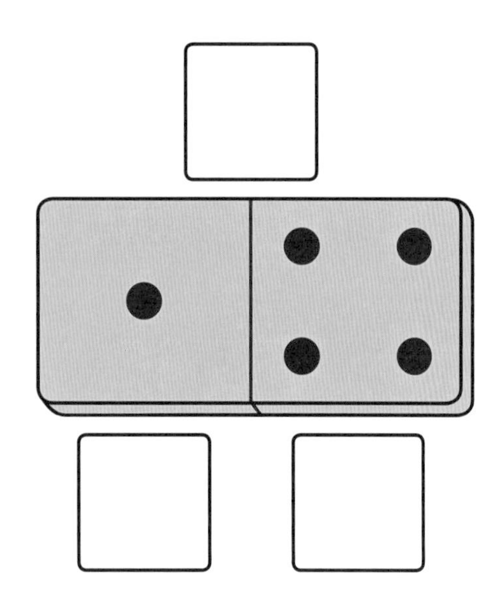

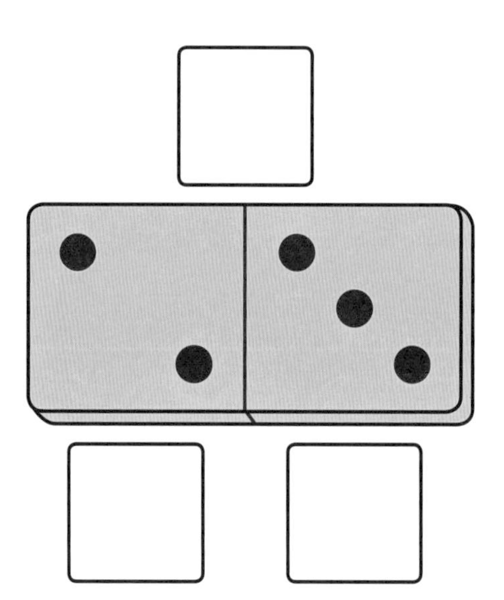

탈것을 모두 세어 위쪽에 써넣고, 종류별로 각각 세어 아래쪽에 써 보세요.

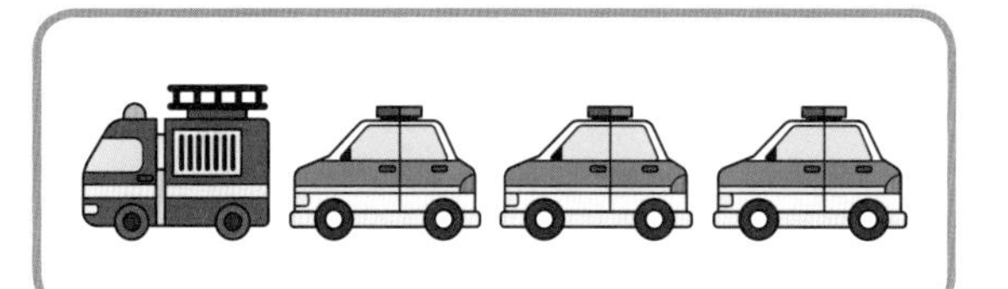

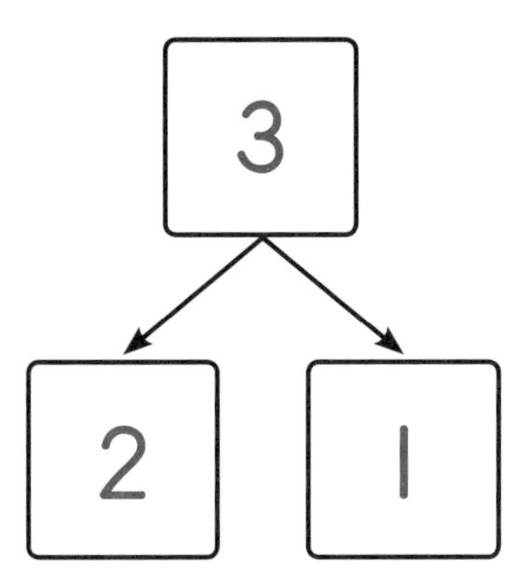

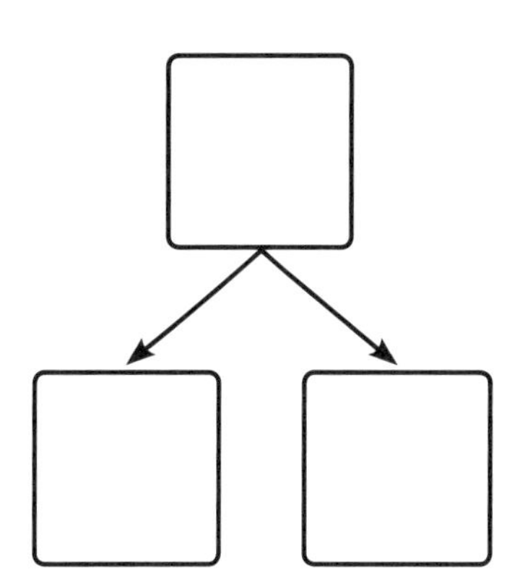

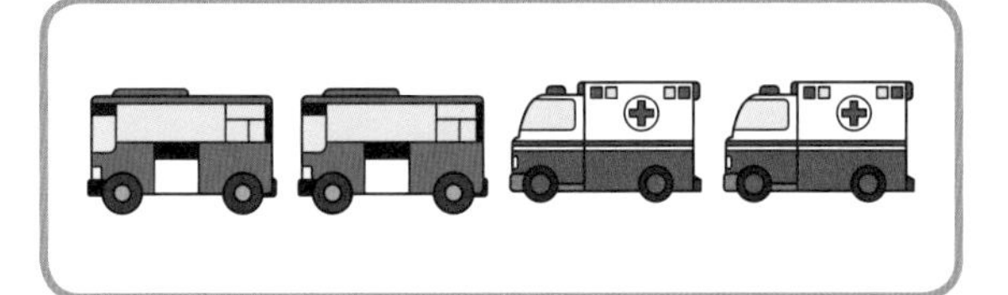

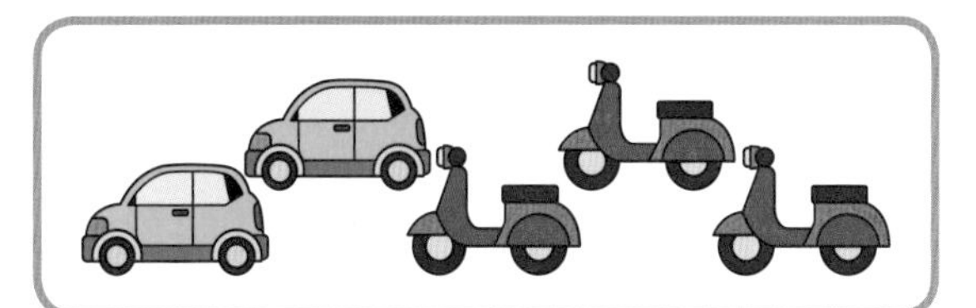

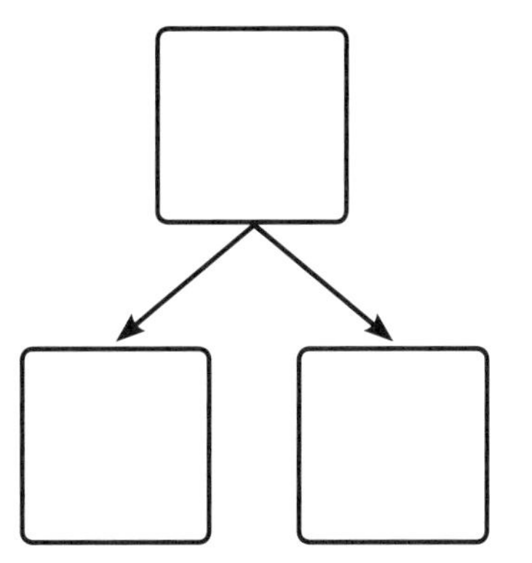

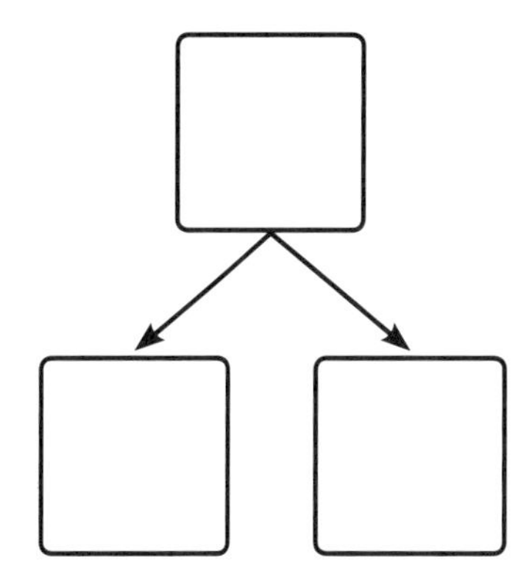

동그라미를 그려요

점선을 따라 동그라미 모양을 그려 보세요.

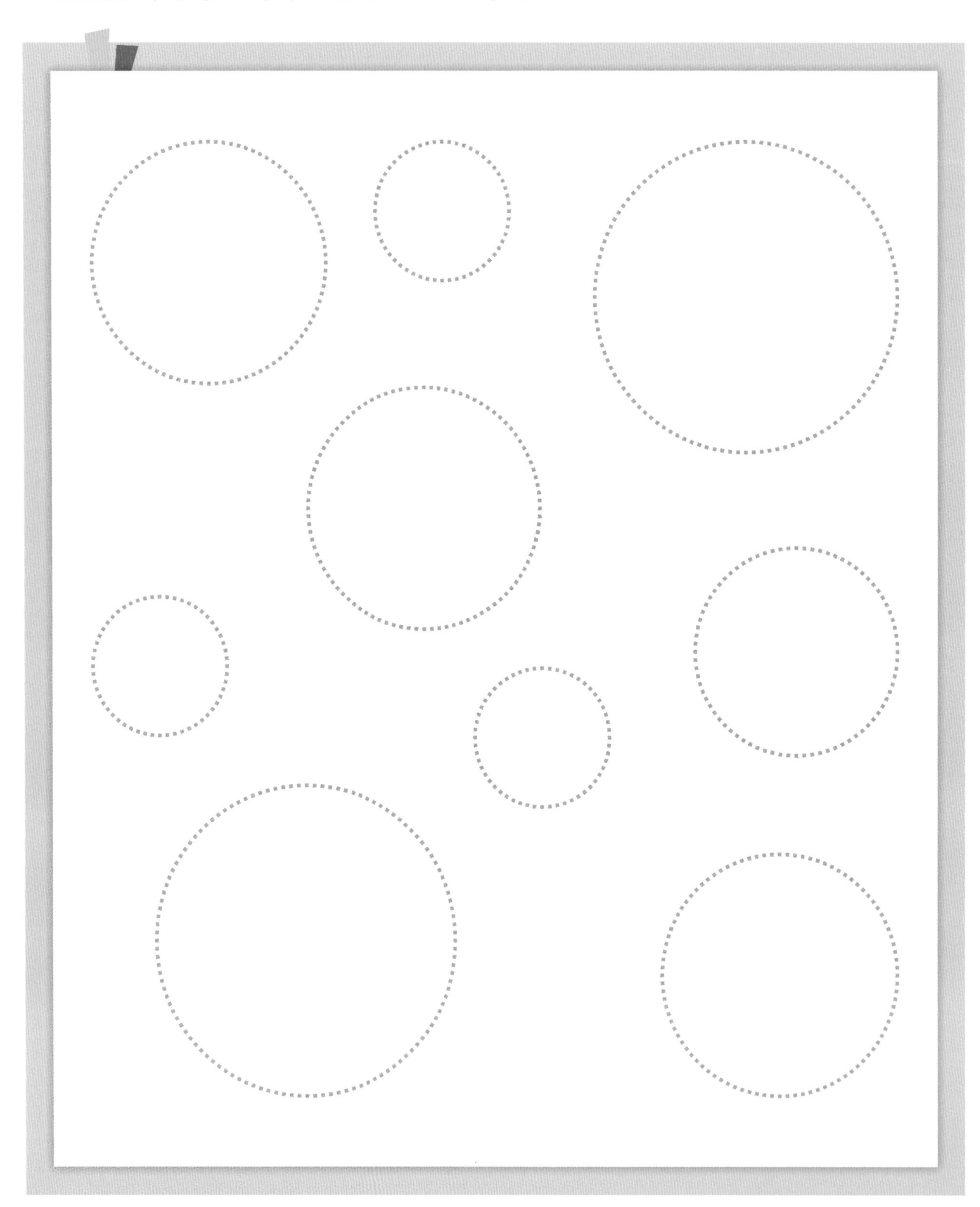

점선을 따라 동그라미 모양을 그려 그림을 완성해 보세요.

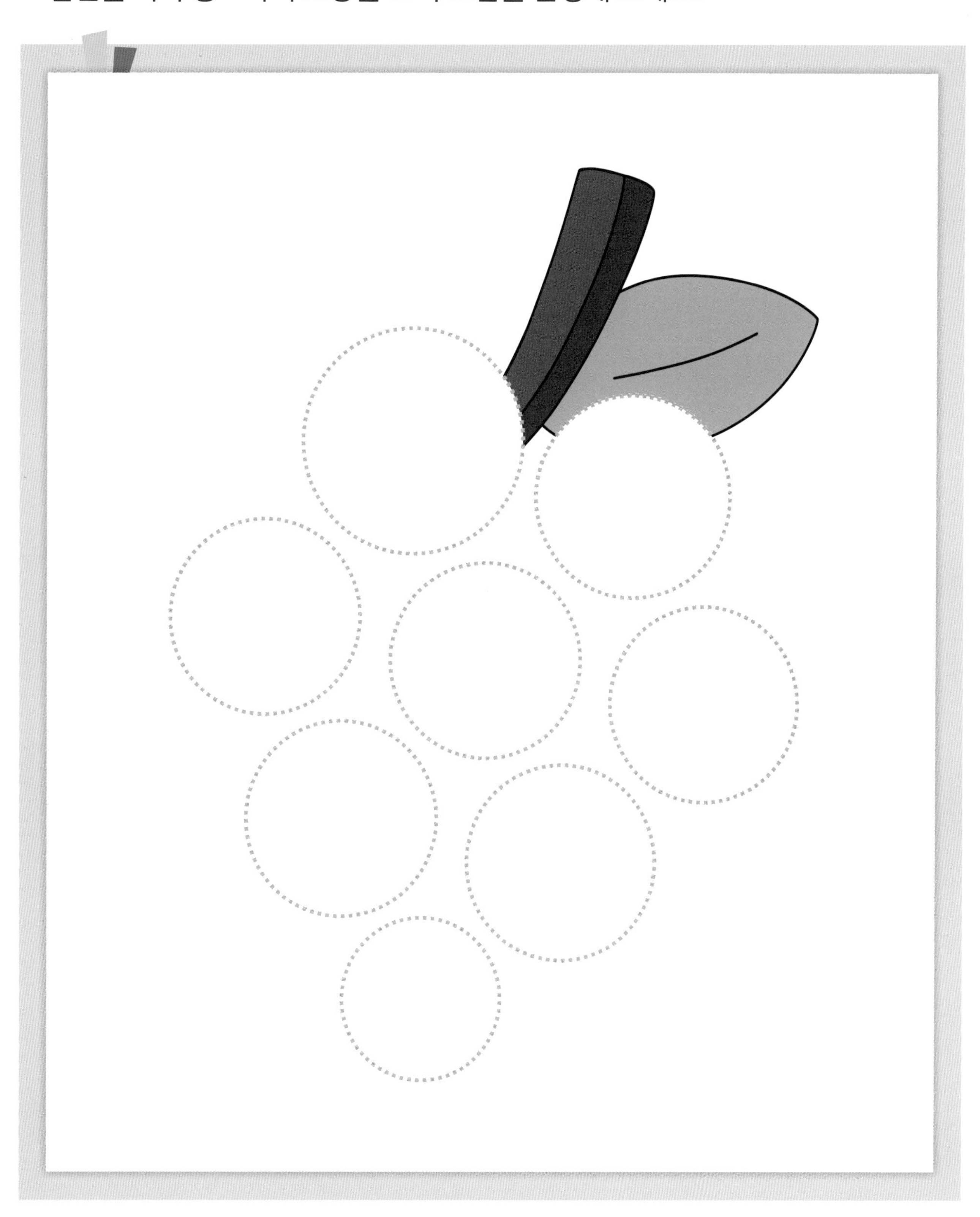

정답

정답

1. 양 비교하기

P.12~13 P.14~15

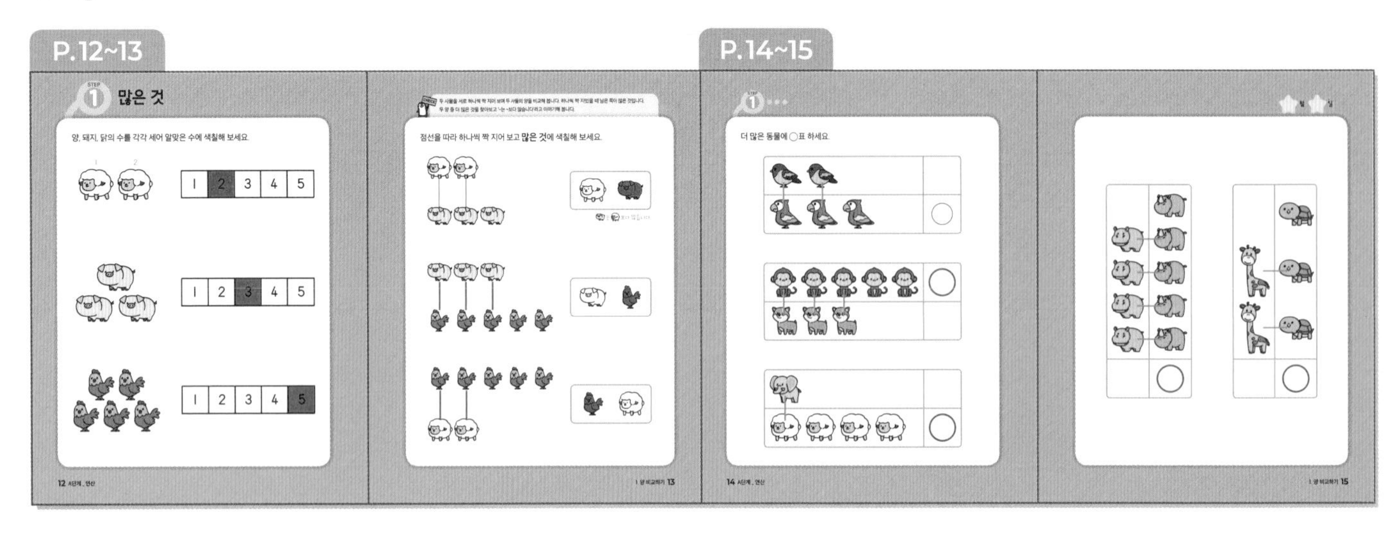

P.16~17 P.18~19

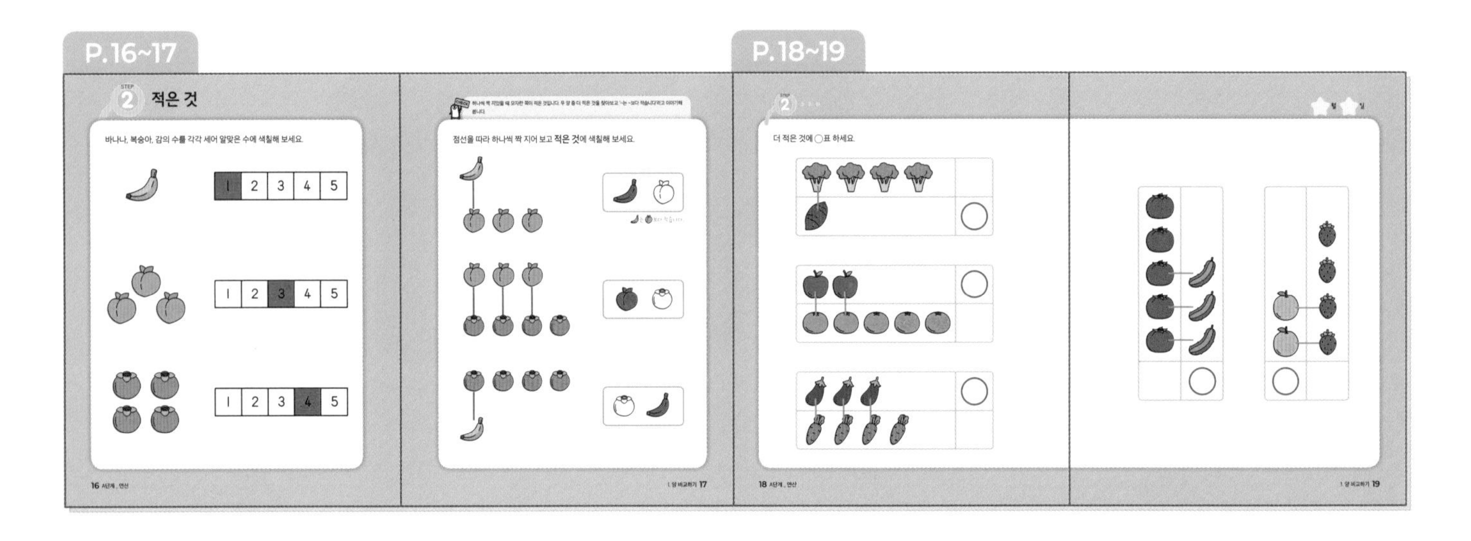

P.20~21 P.22~23

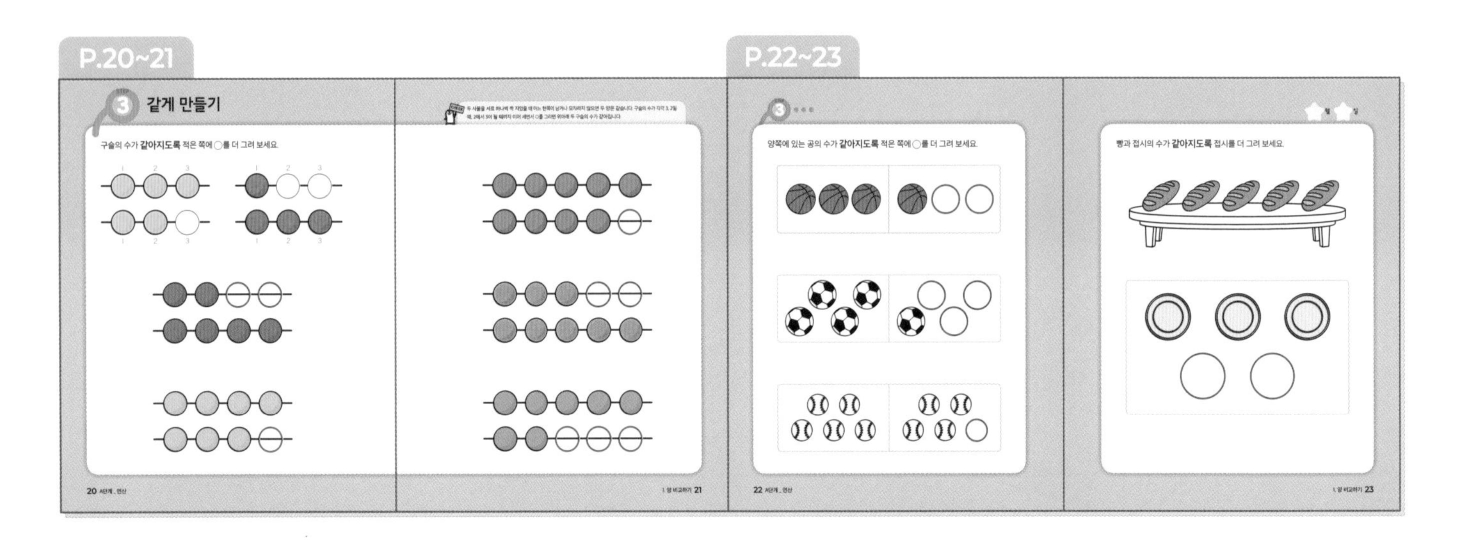

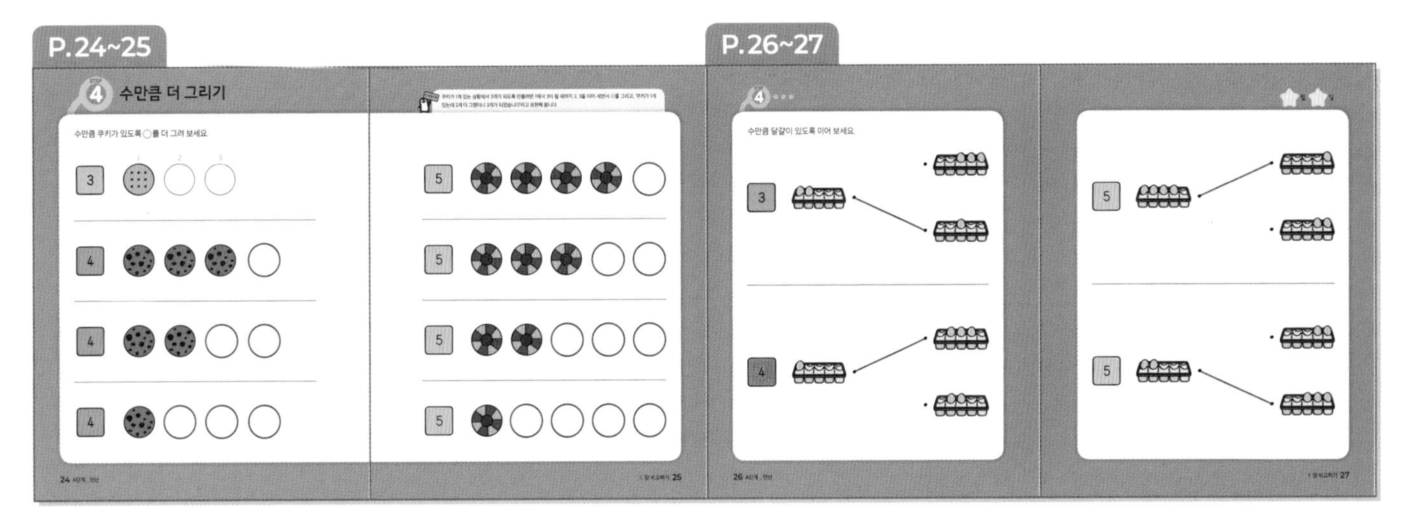

2. 모아서 세기

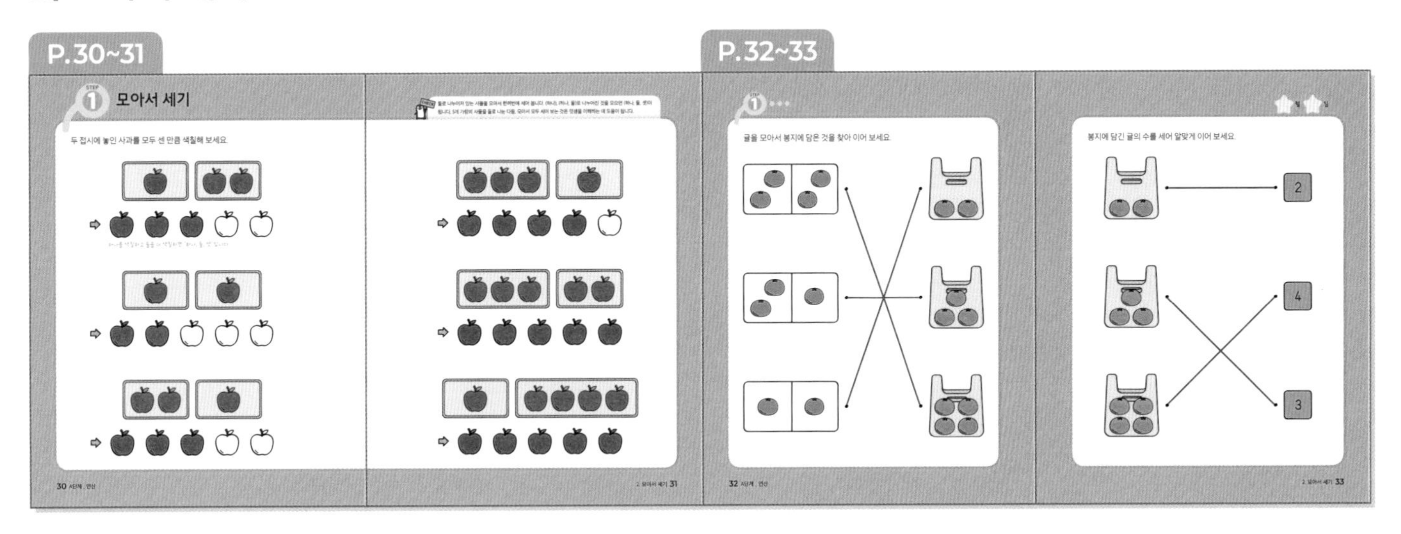

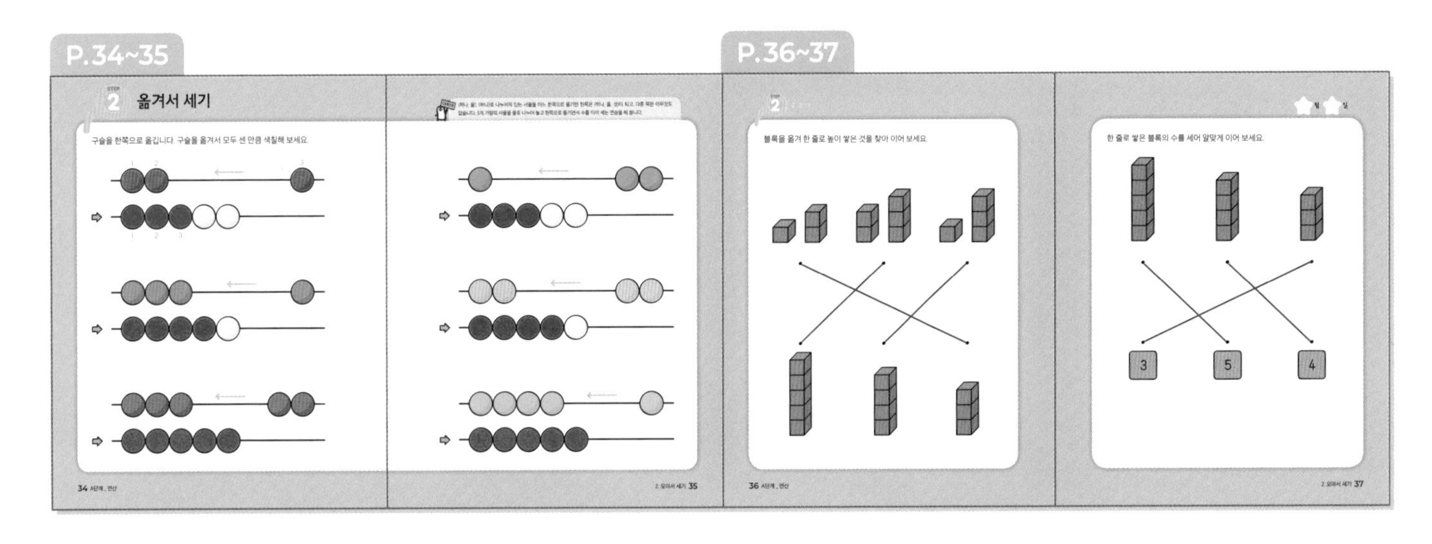

정답

P.38~39 P.40~41

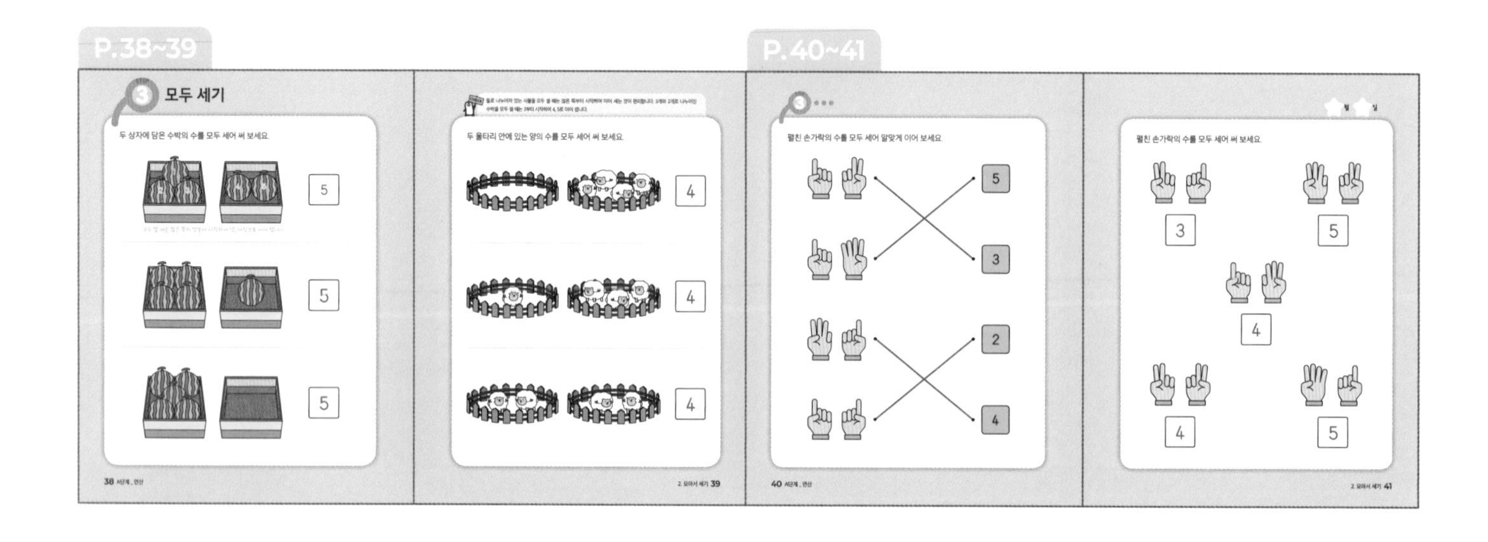

P.42~43 P.44~45

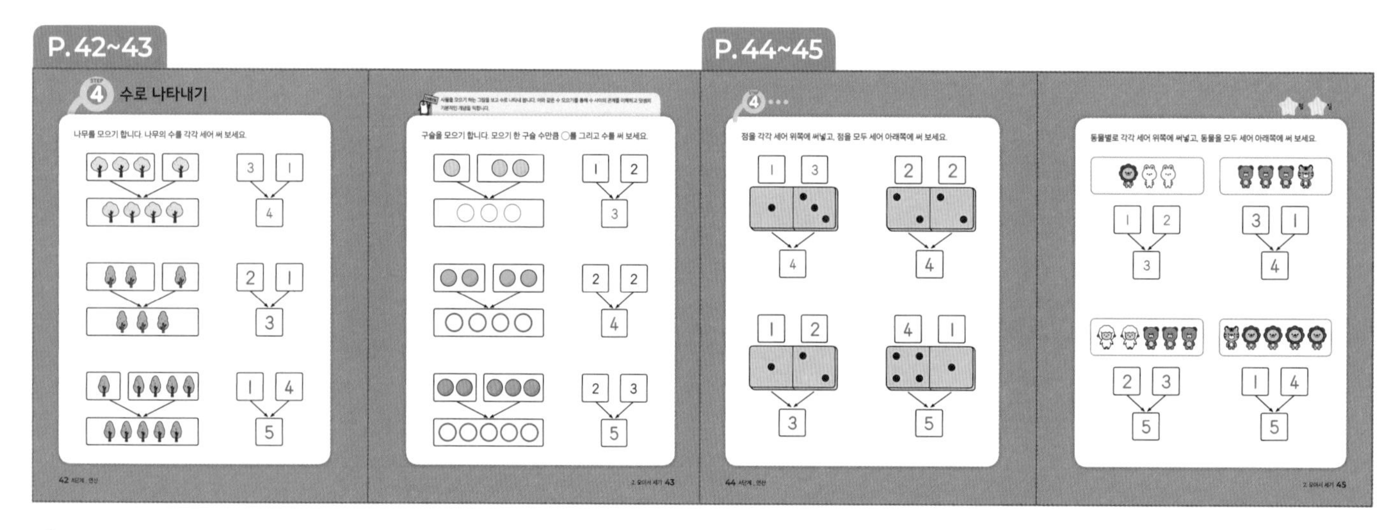

3. 나누어 세기

P.48~49 P.50~51

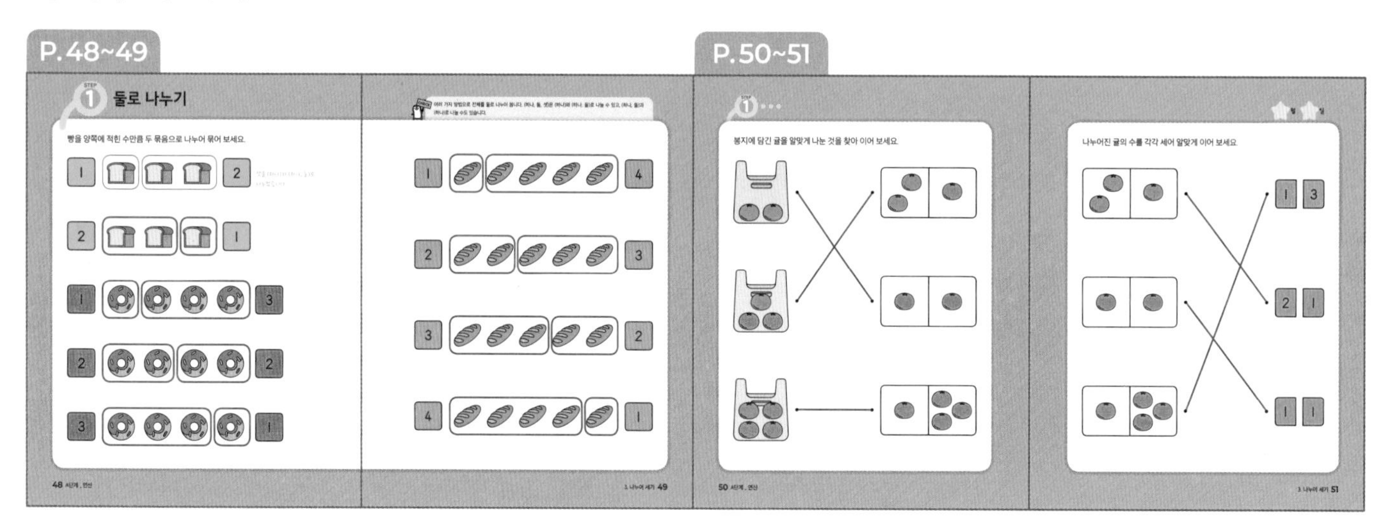

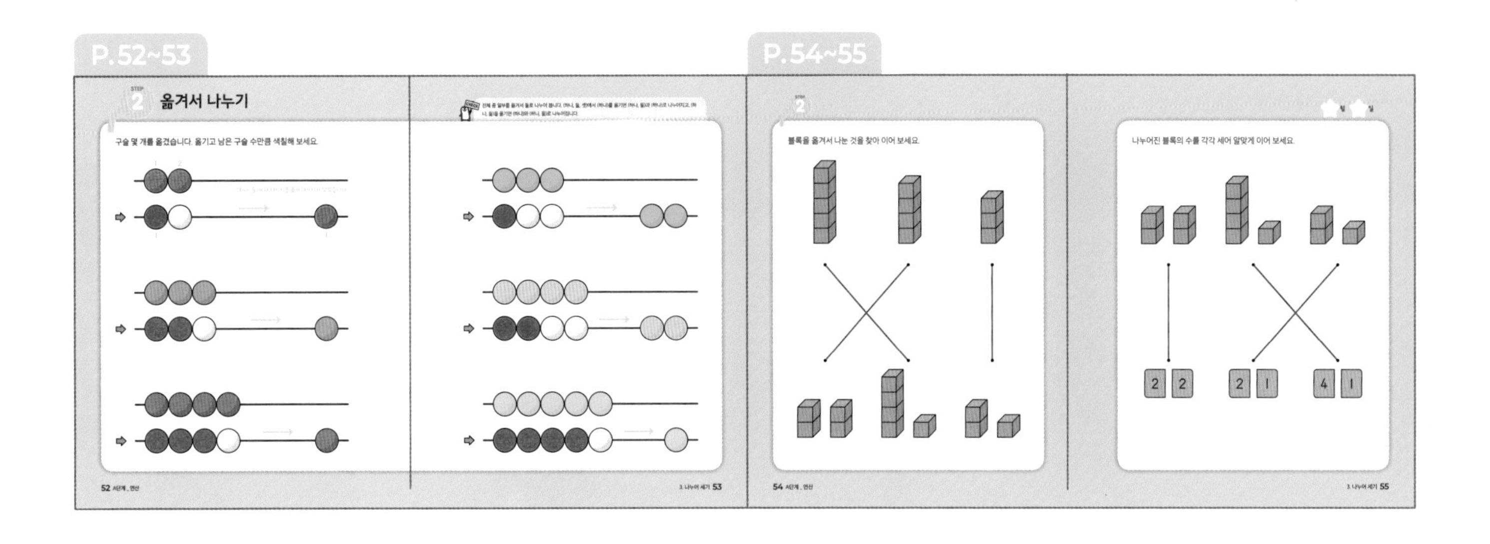
P.52~53
옮겨서 나누기
구슬 몇 개를 옮겼습니다. 옮기고 남은 구슬 수만큼 색칠해 보세요.
P.54~55
블록을 옮겨서 나눈 것을 찾아 이어 보세요.
나누어진 블록의 수를 각각 세어 알맞게 이어 보세요.

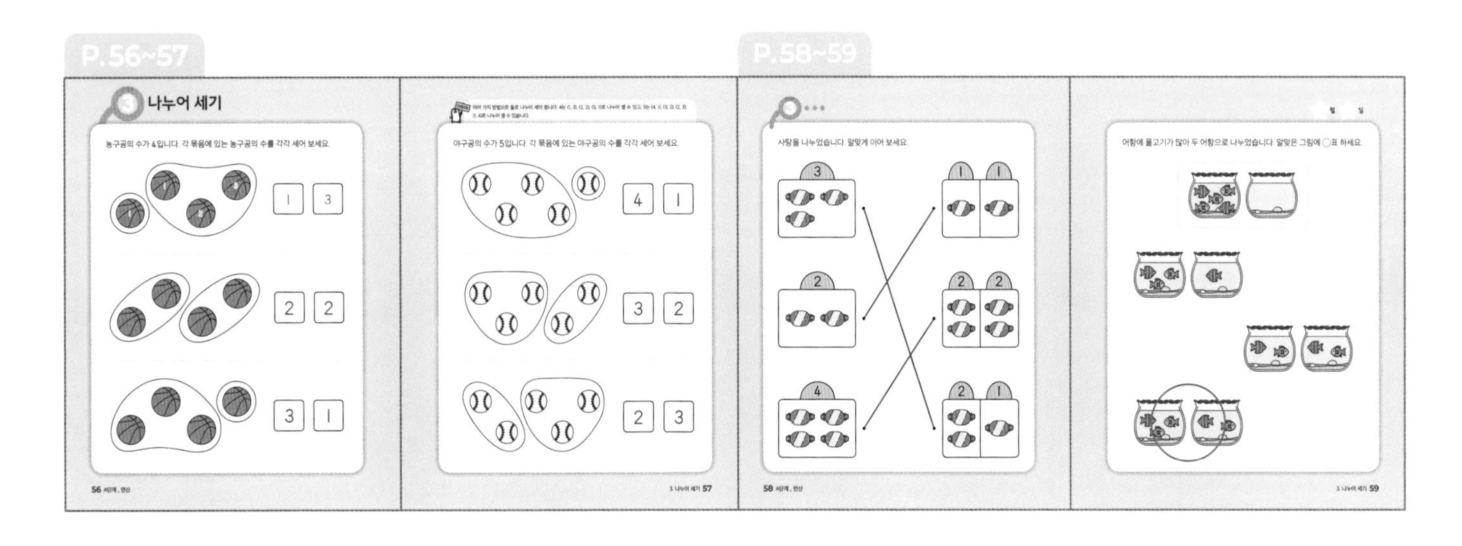
P.56~57
나누어 세기
농구공의 수가 4입니다. 각 묶음에 있는 농구공의 수를 각각 세어 보세요.
야구공의 수가 5입니다. 각 묶음에 있는 야구공의 수를 각각 세어 보세요.
P.58~59
사탕을 나누었습니다. 알맞게 이어 보세요.
어항에 물고기가 많아 두 어항으로 나누었습니다. 알맞은 그림에 ○표 하세요.

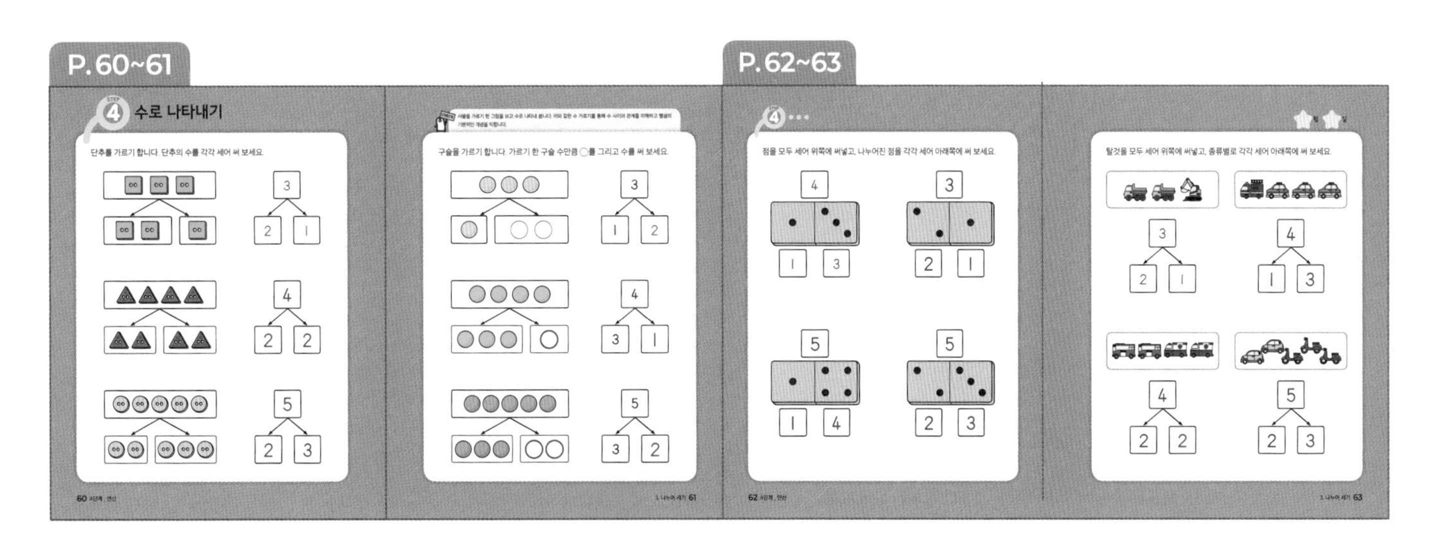
P.60~61
수로 나타내기
단추를 가르기 합니다. 단추의 수를 각각 세어 써 보세요.
구슬을 가르기 합니다. 가르기 한 구슬 수만큼 ○를 그리고 수를 써 보세요.
P.62~63
점을 모두 세어 위쪽에 써넣고, 나누어진 점을 각각 세어 아래쪽에 써 보세요.
탈것을 모두 세어 위쪽에 써넣고, 종류별로 각각 세어 아래쪽에 써 보세요.